膨胀土裂隙演化三维分布特征及微观结构分形规律研究

汪为巍　著

WUHAN UNIVERSITY PRESS
武汉大学出版社

图书在版编目(CIP)数据

膨胀土裂隙演化三维分布特征及微观结构分形规律研究/汪为巍
著.—武汉：武汉大学出版社,2019.3
　ISBN 978-7-307-20703-5

Ⅰ.膨…　Ⅱ.汪…　Ⅲ.膨胀土—研究　Ⅳ.TU475

中国版本图书馆 CIP 数据核字(2019)第 023988 号

责任编辑:邓　瑶　　责任校对:郭　芳　　装帧设计:吴　极

出版发行：**武汉大学出版社**　　(430072　武昌　珞珈山)
　　　　　(电子邮箱：whu_publish@163.com　网址：www.stmpress.cn)
印刷：北京虎彩文化传播有限公司
开本:720×1000　1/16　　印张:15　　字数:286 千字
版次:2019 年 3 月第 1 版　　2019 年 3 月第 1 次印刷
ISBN 978-7-307-20703-5　　定价:79.00 元

前　　言

本书是作者在武汉轻工大学根据近年来对膨胀土的研究成果进行撰写的,主要针对膨胀土的裂隙性展开研究,内容系统全面,资料翔实可靠,具有较为深刻的理论和实际工程意义。

膨胀土主要由蒙脱石等亲水性黏土矿物组成,是一类工程性状独特的高塑性黏土,具有明显的吸水膨胀和失水收缩特性,对气候和水文因素有较强的敏感性,这种敏感性对工程建筑物会产生严重的危害。膨胀土的主要不良工程性质表现为多裂隙性、超固结性、强亲水性、反复胀缩性和破坏的浅层性。膨胀土颗粒组成中黏粒含量超过 30%,且蒙脱石、伊利石或蒙-伊混成等强亲水性矿物占主导地位。其"三性"(胀缩性、裂隙性和超固结性)对其强度都有强烈的影响,使得膨胀土的工程稳定性极差。

多年来,膨胀土及其工程问题一直是岩土工程和工程地质研究领域中世界性的重大课题之一,虽经半个多世纪的广泛深入研究,但至今在各国的工程建设中膨胀土引起的工程问题仍时有发生,并造成重大经济损失。

本书以膨胀土边坡开裂变形和失稳为背景,以南阳膨胀土为研究对象,通过数码摄影结合数字图像处理方法研究膨胀土平面裂隙扩展的规律,同时通过 CT 扫描试验研究膨胀土裂隙的三维扩展规律,采用油渗的方法间接定量分析膨胀土内部裂隙的扩展规律,并采用压汞法(MIP)和扫描电子显微镜分析法(SEM)相结合的方法研究南阳膨胀土脱湿干燥后微结构变化,分析其微观机理,利用分形理论和分形模型对压汞试验数据进行分形维数计算,利用分形维数对微观结构的演变规律进行研究和分析,进行膨胀土裂隙发育、渗流的综合性室内试验,深入研究裂隙膨胀土的渗透特性,揭示膨胀土裂隙性的作用机制及工程效应,以期为膨胀土边坡灾害评估及坡面防护理论与设计提供依据或参考,借鉴多孔介质渗流的双重孔隙模型建立考虑裂隙作用的膨胀土渗流模型及其参数确定方法,深入认识裂隙对膨胀土渗流特性的影响,为膨胀土边坡变形、稳定性评价、灾害预测提供理论依据和技术支持。本书的撰写主要得到以下课题的支持。

1.国家自然科学基金项目(11602183):膨胀土裂隙演化三维分布特征及渗流

特性研究。

2.国家自然科学基金项目(51509274):卸荷路径下超固结膨胀土的力学特性与水化时间效应。

在本书的撰写过程中,得到很多的帮助,在这里首先感谢孔令伟研究员在研究过程中给予的指导与帮助,感谢张先伟老师在微观试验方面给予的指导和帮助,感谢黎伟博士、太俊硕士在试验中给予的大力支持,感谢臧濛博士在英文翻译方面给予的帮助,还有易远同学在分形计算中付出的努力。

由于本书为黑白印刷,书中相关彩图可扫描下方二维码查看。

由于作者的水平有限,书中难免存在错误和不妥之处,敬请读者批评指正。

汪为巍

2018 年 10 月

本书彩图

目　　录

1 绪 论

1.1 研究的背景与意义

膨胀土主要由蒙脱石等亲水性黏土矿物组成,是一类工程性状独特的高塑性黏土,具有明显的吸水膨胀和失水收缩特性[1-2],是一类结构性不稳定的特殊土,也是典型的非饱和土,在世界范围内分布极广,迄今发现存在膨胀土的国家达40多个,遍及六大洲。我国是膨胀土分布最广的国家之一,先后有20多个省、市和自治区发现膨胀土,总面积在10万平方千米以上。

膨胀土在天然状态下常处于较坚硬状态,对气候和水文因素有较强的敏感性,这种敏感性对工程建筑物会产生严重的危害。膨胀土给工程建筑物带来的危害,既表现在地表建筑物上,也反映在地下工程中,成为浅表层轻型工程建设的全球性技术难题。

膨胀土的主要不良工程性质表现为多裂隙性、超固结性、强亲水性、反复胀缩性和破坏的浅层性。膨胀土颗粒组成中黏粒含量超过30%,且蒙脱石、伊利石或蒙-伊混成等强亲水性矿物占主导地位。其"三性"(胀缩性、裂隙性和超固结性)对其强度都有很大影响,使得膨胀土的工程稳定性极差,病害十分严重。

膨胀土的工程问题已成为世界性的研究课题,引起了各国学术界和工程界的高度重视,首届国际膨胀土会议自1965年在美国召开之后,每四年一届。此外,国际工程地质大会、国际土力学及基础工程大会以及许多地区性的国际会议都将膨胀土工程问题列为重要的议题。英国、美国、中国、日本和罗马尼亚等都先后组织力量专门研究膨胀土的工程性质,制定有关的规范,充分反映了各国对膨胀土工程问题的高度重视。

多年来,膨胀土及其工程问题一直是岩土工程和工程地质研究领域中世界性的重大课题之一,虽经半个多世纪的广泛深入研究,但至今在各国的工程建设中膨胀土引起的工程问题仍时有发生,并造成重大经济损失。

1.2 膨胀土的裂隙性与结构特征研究

(1)膨胀土裂隙性研究

与一般黏土相比,膨胀土具有膨胀性、裂隙性和超固结性[3]这三个特性。通常情况下,把岩土体中产生的无明显位移的断裂称为裂隙[4]。

非饱和膨胀土中因黏土矿物含水量高而容易吸水膨胀、失水收缩形成的胀缩裂隙是最主要的裂隙类型[5];另外,因开挖卸荷或失稳滑动等作用形成的张拉裂隙,因不均匀膨胀及沉降形成的剪切裂隙,因水力作用形成的溶蚀裂隙,因地震等作用形成的震陷裂隙等,也是膨胀土中的常见裂隙形式。实际膨胀土裂隙往往是由上述几种外因共同作用产生的,且各种因素作用产生的裂隙差别有时并不明显,所以一般观测到的裂隙是各种类型裂隙的共存,无法具体区别开来,袁俊平(2003)[6]参照 Chertkov 分类方法,考虑膨胀土裂隙的复杂性及不确定性,在裂隙网络分类中增加了随机裂隙网络的新类型。裂隙在气候干湿循环过程中发生、发育、扩展,破坏了土体的完整性,同时为水分的渗流提供了通道,裂隙性是影响膨胀土边坡稳定的关键因素[7]。

天然情况下膨胀土裂隙分布大都呈混乱型裂隙网络,为了综合反映裂隙的分布特征和影响,通常采用裂隙率作为裂隙度量分析指标。裂隙率可以定义为单位面积上裂隙面积,或单位面积上裂隙长度,或单位面积上的分块平均面积,以及单位面积上分块个数等[8]。

裂隙量测开始是通过肉眼发现,采用钢尺、罗盘或量角器等工具简单量测其宽度、长度、产状,通过素描等记录裂隙分布情况,综合得到对裂隙定性或半定量的记录,随着技术发展,研究者采用数码相机照相、计算机断面成像技术(CT 法)、远距显微镜、电阻率法和超声波法等来获得更加清晰的裂隙图像[9-16],将获取的数字图像,采用各种图像处理方法[17-19]进行统计分析,并建立各种模型。对于土体裂隙的研究主要集中在土体表面裂隙,暂时还没有较为方便、可靠的裂隙深度的直接量测和描述方法,部分学者采用间接手段[20]或建立模型[21]对其进行量测和描述。

Terzaghi(1936)[22]最早注意到裂隙发育对土体强度的影响,指出裂隙是超固结黏土的结构特性,并指出裂隙对土体强度有重要影响;Archie(1942)[23]最早提出了只适用于饱和无黏性土的电阻率模型;Skempton(1964)[24]提出裂隙会引起应力集中,超过黏土抗剪强度峰值,导致土体破坏;Waxman 等(1968)[25]则提出了适用于非饱和黏性土的电阻率模型;蒲毅彬(1993)[26]在国内率先使用 CT 技术研究冻土的结构性；赵中秀等（1994）[27]在研究超固结黏土过程中发现土中存在的节理和裂隙是引起滑动的原因；卢再华、陈正汉等（2002）[28]则把 CT 法用于湿干循环条件下膨胀土胀缩裂隙的演化研究；袁俊平等（2003—2004）[29-30]利用远距光学显微镜对膨胀土试样进行观测，定量地描述膨胀土表面裂隙；刘松玉、查甫生等（2006—2009）[31-33]将电阻率指标引入膨胀土的质量评价中；龚永康等（2009）[34]采用电阻率对室内膨胀土裂隙发育进行了研究；赵明阶等（1999—2000）[35-37]利用超声波法对岩石裂纹进行了研究，但目前超声波法尚未应用于膨胀土裂隙量测；易顺民等（1999）[38]将分形理论应用于膨胀土裂隙结构的分形特征研究，定量地描述膨胀土裂隙的力学效应特征与膨胀土的抗剪强度指标之间的相关性；Chertkov（2000）[39]提出利用表面裂隙平均间距来估算裂隙发育区深度以及裂隙最大深度；姚海林等（2002）[40]推导得到膨胀土裂隙深度的表达式，求得在地下水位趋于无穷大时的裂隙扩展深度的极值；尹小涛、党发宁等（2005—2006）[41-42]利用图像处理技术对裂纹进行提取、几何量测及空间描述；陈尚星（2006）[43]利用摄影确定膨胀土裂隙分形维数，并用分形插值法很好地模拟了土裂隙的细部特征；潘宗俊等（2006）[44]采用 Mitchell 公式和裂隙扩展深度方程确定安康地区膨胀土大气影响深度和裂隙开展深度；李培勇等（2008）[45]得出了同时考虑土体有效黏聚力和有效内摩擦角等参数的非饱和膨胀土裂隙开展深度的线弹性理论关系式；刘春等（2008）[46]对含有裂隙的图像提取裂隙的宽度、长度、方向等裂隙形态参数，实现裂隙图像的计算机定量分析；冯欣（2009）[10]通过数码摄影结合自编程序对不同脱湿速率下的室内膨胀土裂隙扩展特征信息进行提取并分析其开裂规律；李雄威等（2009）[11]基于 MATLAB 软件二值化像素统计的方法对膨胀土表面裂隙的发展规律进行了分析；王军（2010）[47]对干湿循环后的膨胀土样进行多个切面的 CT 扫描并形成了三轴试样的裂隙重构图；周伟（2011）[13]提出使用试样收缩面积和裂隙面积来定义土体的收缩开裂裂隙度；张家俊等（2011）[48]提出矢量图技术提取及分析裂隙的几何要素；刘艳强（2012）[49]结合 MATLAB 图像处理技术分析了不同压实度、干湿循环次数及加筋与否条件下填筑膨胀土中裂隙的产生和扩展规律；包惠明等（2011）[50]获得膨胀土试样在整个干湿循环过程中的裂隙分维变化规律。

（2）膨胀土结构特性研究

土的微观结构是影响土体强度、变形、渗透等工程特性的内在因素，是影响膨胀土工程性质的重要因素。20 世纪 60 年代末期，随着扫描电镜（SEM）和透射电镜（TEM）等测试技术的发展以及数字化图像处理技术的应用，人们对土的微观结构的认识更进一步，通过微观试验研究可以认识土的许多工程特性的本质原因。

自 1925 年 Terzaghi 提出土的微结构（microstructure）概念和思想以来，大量学者[51-54]对岩土材料的微结构进行了研究和探讨,提出了许多岩土材料微结构模型,强调了研究土的微观结构的重要意义,正是基于对红土、黄土、膨胀土以及冻土等特殊土的微观结构研究,认识到导致各种土的力学性质具有较大差异是由各自不同的微观结构造成的,并指出采用宏观和微观相结合的方法对认识土的基本特性和建立土的结构性模型等具有重要作用,1973年专门召开过一次微结构国际会议,表明了人们对膨胀土结构研究的重视程度。

目前已研制和发展了大量的微结构测试方法,如压汞法(MIP)、扫描电子显微镜分析法(SEM)、磁化率法、声波法、渗透法、气体吸附法、X射线衍射法、计算机断层分析法及微结构光学测试系统等。其中,压汞试验与扫描电子显微镜试验众所周知,国内外大量研究成果表明:扫描电子显微镜分析法可以定性分析土中孔隙的分布状况;而压汞法可以定量给出土中孔隙的体积分布状况,定量研究微观孔隙结构最常用的一种方法。压汞法测定孔径的范围较其他方法宽很多,一般可测量的孔径范围为 $4nm\sim200\mu m$,可以反映大多数材料的孔隙结构状况[55]。因此压汞法和扫描电子显微镜分析法相结合是研究土微结构变化的有效方法[56-58]。以下介绍几种常用的微结构测试方法及其应用。

压汞法:压汞法是依据非浸润性液体(比如汞)在没有压力作用时不会流入固体孔隙的原理来测定土体孔隙分布的。测量简单,测量时只需记录压力和体积的变化量,测量孔直径范围也很广,一般在几十纳米到几百微米之间,能反映大多数岩土材料孔直径状况。该测试法的不足之处:所测试样的孔隙中必须是干燥无水的,孔隙必须是连通的,对必须先通过较小孔隙才能进入的大孔隙的一些汞,测不出结果。

扫描电子显微镜分析法:扫描电子显微镜是近代研究物体表面微观结构的一种全能电子光学仪器,其基本工作原理是利用电子束作为照明源,电子束经聚焦变成电子探针,电子探针在试样表面扫描,其高能量电子与所分析试样物质相互作用,就会产生各种信息,这些信息的强度和分布与试样的表面形貌、成分、晶体取向以及表面状态等因素有关,通过采集和处理这些信息,便可以获得表达试样微结构形态的量。由于扫描电子显微镜具有分辨率高、景深长、成像富有立体感及分析功能多等优点,其已成为目前岩土材料微结构研究中最普遍、最重要的手段之一。扫描电子显微镜分析法的缺点:①所观测的样品必须为固体,并在真空下具有长时间的稳定性;②测试前,需事先对土样进行脱水干燥处理;③只能观测到物体表面的形状,很难测试到物体内部结构的变化状况。

计算机断层分析法:计算机断层分析法(computerized tomography,CT)是以计算机为基础对被测体断层中某种特性进行定量描述的一种技术,其基本原理是利用X射线通过物体时会产生衰变,这些衰变是由物体的密度、活性原子数量及厚度决定的,因而可以得到被测物体的微结构信息。该技术具有无损、动态、定量检测、分层识别材料内部组成与结构信息、高分辨率及数字图像显示等优点,因此在岩土工程中得到了广泛应用。但由于 CT 技术的 CT 数是一个标量,根本无法表明岩土材料微结构的空间排列方式或其定向程度,目前对 CT 图像的刻画还停留在宏观和定性分析阶段,对其所表达的微观信息的准确刻画还未得到充分发展。

光学图像测试法:目前,在岩土工程中采用的光学仪器主要是固体器件摄像机(chagre couled device,CCD)。该光学图像测试法的工作原理是通过固体器件摄像机这一图像探测器,将景物通过物镜成像在一块电荷感应光板(电荷耦合探测器)上,用感应光板上的感应电压模拟物镜的光亮变化,再通过视频图像采集卡将摄像机取得的模拟图像信号转换成数字图像信号,使计算机得到所需要的数字图像信号,再对数字图像信号进行处理来得到反映物体的微结构变化特征的量。该测试法可以获得岩土材料土样微结构图片上所有的结构信息,能反映其微结构的变化情况,能实现颗粒大小、形状、分布、定向性、孔隙大小和形状、粒间联结方式等结构要素的量化分析,因此在研究岩土材料的微结构测试方面得到了应用。虽然光学图像测试法是一种新的测试手段,但测量时如果土样亮度过高或过低,图像数据的分布将出现极限饱和的情况,会对图像处理结果的正确性产生影响;其测量土体微结构的精度还受实验装置的优劣、图像处理算法选择的合理性的影响。

X 射线衍射分析法:X 射线衍射分析法是根据光学中的干涉原理来研究土体结晶构造和矿物成分的。当 X 射线射入土体矿物晶格中时,将产生衍射现象,不同的土体矿物,晶格构造各异,会产生不同的衍射图谱,从而可得到其衍射峰值,然后根据衍射峰值就可判断出矿物类型。X 射线衍射分析法只适用于单一矿物组成的土结构研究,当土中含有多种矿物时,对其成果的准确分析尚有待进一步完善。

微结构测试方法在分析土体微观结构中得到广泛应用。高国瑞(1981,1984)[59-60]对黏土矿物叠片体与其工程性质的关系做了较多的研究。Delage P 和 Guy Lefebvre(1984)[61]利用压汞法和扫描电子显微镜分析法研究了原状 Champlain 灵敏性黏土在不同的固结压力下的孔隙变化特征,试验表明,土样在压力增大过程中最先压缩的是集合体之间的大孔隙。廖世文(1984)[62]、李生林等(1992)[63]通过对膨胀土微结构的研究,得出了膨胀土的胀缩性、强度特性及变形特性在很大程度上取决于膨胀土的微观结构特性的结论。张梅英等(1993)[64]实现了扫描电子显微镜对土体在受力过程中的微结构观测的动态实验。在这里,仅从扫描电子显微镜的静态观测成果对其进行介绍。谭罗荣等(1994)[65]提出了一个评价试样定向度的公式。目前,微结构的研究已经发展到定量研究阶段,现在的问题是定量研究如何向简化测试手段发展,以便为工程所用。施斌等(1995)[66]开发了土体微观结构 DIPIX 图像处理系统,并利用该系统对膨胀土击实土样微结构 SEM 图像进行分析研究。刘小明等(1997)[67]利用扫描电子显微镜对在各种受力下的拉西瓦花岗岩破坏断口的微结构进行了扫描,分析了其微观破坏形貌特征和微观破坏力学机制之间的关系。黄俊(1999)[68]用压汞法分析了泥炭土在固结过程中孔隙结构变化的状况,及其经过改良后在加固过程中微细结构变化情况。胡瑞林等(2000)[69]用自行研制的微结构图像处理系统对黄土在静、动载下的微结构 SEM 图像进行了研究分析,解释了黄土宏观变形的微结构控制机理。赵永红等(2002)[70]对不同荷载作用下细砂岩的加、卸载扫描电镜图像进行了数字散斑相关处理,分析了其表面微裂纹的变形情况。卢再华、陈正汉等(2002)[28]研制了能和 CT 机配套使用的非饱和膨胀土三轴仪,并利用该仪器对膨胀土在三轴剪切过程中内部结构的变化进行了一系列研究分析。吴紫汪、马巍等(1997)[71],刘增利等(2002)[72],孙星亮等(2005)[73]对冻土在蠕变过程中、在单轴压缩及三轴剪切下的内部结构变化进行了 CT 观测分析。Cui Y J 等(2002)[74]在体积限制状态下对 Kunigel 黏土土样施加不同的吸力,通过孔隙分布观察土样在不同吸力作用下的孔隙变化特征,发现随着吸力下降至零,土样孔隙逐渐呈现均质,集合体中晶层的分散以及集合体的变形使大孔隙被压缩是造成这一现象的主要原因。吕海波等(2003)[75]对单向压缩下天然结构性软土进行了压汞试验,分析了其在压缩条件下的孔隙大小分布状况。河海大学岩土所(2003)[76]根据该光学图像测试法的工作原理,研制了适用于岩土材料微结构分析的光学测试系统。洪振舜等(2004)[54]采用压汞法对不同固结压力下的天然沉积硅藻土的微观孔隙进行了压汞分析,探索了其微观孔隙入口孔径分布与应力水平的关系。王洪兴等(2003)[77]对水往返作用下的滑带土的黏土矿物定向性进行了 X 射线衍射研究,并分析了其对滑坡的作用。叶为民等(2005)[78]通过水银注入累积曲线以及孔隙分布图研究了 MX80 在自由膨胀状态下的体积变化特征,发现压实膨胀土水化过程中,土体积的膨胀主要是由于膨胀土集合体结构中集合体之间的大孔的扩张。徐春华等(2005)[79]对在动三轴下的冻结粉质黏土进行了 CT 观测,定量分析了试验后土样结构微裂纹及密度变化规律。董好刚等(2006)[80]用扫描电子显微镜对循环振动荷载下的黄河三角洲潮坪土在振动前后微结构变化情况进行了分析研究。雷胜友、唐文栋等(2006)[81]、王朝阳、倪万魁等(2006)[82]对黄土在不同受力状态下的微结构特性进行了 CT 分析,探讨了其力学机制。姜岩等(2010)[83]对天津滨海新区典型结构性软土进行动三轴试验和压汞试验,对交通荷载作用下结构性软土微观结构变化进行了研究,结果表明:在动荷载作用后,天津滨海新区典型软土的孔隙分布发生改变,可分为 3 种类型。丁建文等(2011)[84]采用压汞法对疏浚淤泥流动固化土进行了微观孔隙结构的研究,分析了固化土的孔隙体积及入口孔径分布特征与固化材料掺量及固化土龄期的关系,并将微观试验结果与固化土的物理指标和强度特性进行了比较。张先伟等(2012)[85]为探求土体在变形过程中微结构形态的演化规律,对湛江结构性黏土进行室内压缩试验,通过真空冷冻升华干燥法对天然土和压缩后土制样,进行扫描电子显微镜扫描试验和压汞试验,基于灰度计算土的三维孔隙率,分析压缩过程中微观孔隙的变化规律。蒋明镜等(2012)[86]应用压汞试验研究了不同应力路径试验前后原状和重塑黄土孔隙分布的变化,探讨了宏观力学特性与孔隙分布的联系。叶为民等(2013)[87]针对高庙子膨润土在不同含水率和不同干密度条件下的微观孔隙结构时效性进行了试验研究,分别采用压汞法和扫描电子显微镜分析法对静置不同时间后试样的微观孔隙结构进行量测。试验结果表明,高庙子膨润土集合体间大孔隙随静置时间增加逐渐减少,而集合体内孔隙和小于压汞仪最小探测粒径的极小孔隙逐渐增多;随着静置时间的延长,膨润土微观孔隙结构趋于均匀化。王婧(2013)[88]通过宏观与微观试验,系统地介绍了研究珠海软土工程性质的手段方法,分别从宏观及微观的角度分析了珠海软土固结等工程特性及其固结过程变化的微观机制。张先伟等(2014)[89]利用扫描电镜与压汞试验,分析湛江黏土扰动后不同静置龄期下的结构演变规律。结果表明:黏土触变过程中的强度恢复主要是颗粒间引力与斥力的相互作用的力场变化使结构由分散趋向絮凝发展所导致,这一过程中结构产生自适应调整,孔隙分布均匀化发展,微观结构向亚稳定结构转变,在一定时期内表现出触变现象。

(3)膨胀土微观结构模型

膨胀土具有何种微观结构特征,与膨胀土的含水量大小、组成的矿物成分,以及所处的地理环境有关。早在 1958 年,土力学家 T W Lambe 对不同含水量和击实能量下击实黏性土的微观结构及其对工程性质的影响进行了研究[90],由于测试技术的限制,无法观测击实黏性土的真实微观结构形态,只是提出了一种假想的微结构模型来讨论微结构与工程性质的关系;谭罗荣等[91]通过研究我国一些典型的膨胀土微观结构特征,将膨胀土中的微观结构单元归纳为三种类型,即片状颗粒、扁平状聚集体颗粒和粒状颗粒单元。在此基础上,将由微结构单元组成的微结构特征分为六种,即絮凝结构、定向排列结构、紊流结构、粒状堆积结构、胶黏式结构和复合式结构。李生林[63]的研究结果表明,击实土和原状土在微结构上的差异很大,因此在相同的密度和含水量条件下,击实膨胀土的胀缩性比原状膨胀土要高,也决定了它们在许多工程性质上的差异,如原状土有较高的强度,较低的渗透性和压缩性。而相应击实土的强度较低,渗透性和压缩性都较大。同时通过对大量击实膨胀土样的扫描照片的分析研究,得出以下四种典型的微结构模型:①集粒结构,这种结构是由原生矿物颗粒(单粒)、外表包有黏土的集聚颗粒(包粒)和由黏土颗粒无序组合的团聚体组成,这种结构是在低-中等含水量下制备,由于较大吸力的作用团聚体不易击实变形而成。②镶嵌结构,由单粒、包粒、团聚体和由黏粒有序组合的叠聚体组成,叠聚体沿大颗粒边缘呈定向排列,这种结构在击实土中常见。它是在碎屑矿物颗粒、包粒、强度较高的团聚体与含水量较高的团聚体、叠聚体所占比例差不多的击实土中,由于挤压而成。③紊流状结构,由单粒、包粒、强度较高的团聚体与呈良好定向的叶片状黏粒共同组成。击实土中的这种结构,是由较少的单粒、包粒、较大的团聚体与含水量较高的叠聚体、团聚体经单向挤压而成。④定向排列结构,由定向排列的叠聚体组成,这种结构只有在含水量很高、原生矿物颗粒较少的土经击实后而成。

综上所述,与一般黏土相比,膨胀土具有胀缩性、裂隙性和超固结性,针对膨胀土这三个特性及其对工程性质的影响,目前的研究主要集中在胀缩性和裂隙性方面。膨胀土裂隙是由几种外因共同作用产生的,且各种因素作用产生的裂隙差别有时并不明显,膨胀土裂隙具有复杂性及不确定性,其中胀缩裂隙是最主要的裂隙类型。裂隙量测由开始的简单量测到采用数码相机、CT、远距显微镜等先进的仪器观测来获得高清晰的裂隙图像,对获取的数字图像采用各种图像处理方法进行统计分析,并建立各种模型。目前,裂隙直接量测和描述主要集中在土体表面裂隙,深度量测主要采用间接手段或建立模型对其进行量测和描述。岩土材料微结构及其与宏观物理力学特性响应的研究已取得了长足进展,能观察到岩土材料的颗粒、孔隙大小及形状等,揭示土体工程特性与其微细结构变化之间的内在规律性,建立具有微细结构变化特征背景的关系,很多学者提出许多微细观模型,尝试建立微细观和宏观的联系,使之能通过测定微细观结构而得到宏观参数。虽然岩土材料微结构研究有了大量成果,但在实际测定中仪器不能连续测试岩土材料在荷载下微结构的真实变化状况,因此也无法得到岩土材料微颗粒及孔隙的实际变形和位移信息,主要还是用于定性分析,因而有其局限性。

1.3　分形几何在土体微结构研究中的应用

人类生活的世界充满了各种复杂、不规则的现象,传统的欧氏几何学难以对这些复杂、不规则的现象进行描述,而分形几何则解决了这个问题。换句话说,分形几何就是对不规则但具有某种意义的自相似图形进行研究的几何学。不同于传统几何学的是,它有两个基本特征:自相似性与分形维数[92]。

(1)标度不变性和维数

想要了解自相似性,首先要了解什么是标度不变性。无标度性是指研究对象没有特征长度的性质。众所周知,在传统欧氏几何中,只要特征长度没有变化,那么其本身的性质也不会产生太大的改变,而自相似性则是不具有特征长度的对象的重要特征。由此可知,分形是不具有特征长度的,尽管如此,它在每一个尺度上却有着十分复杂的细节,它给出了自然界中复杂几何形态的一种定量描述。其在数学上可表示为:

$$f(\lambda r) = \lambda^m f(r) \tag{1-1}$$

当 r 扩大为 λr 后,新的函数就增大为原来的 λ^m 倍,即标度改变了 λ 倍后,函数具有自相似性。

在欧氏空间中维数定义的数学表达式如下所示:

$$N(r) = \frac{1}{r^d}, \quad d = \frac{\ln N(r)}{\ln(1/r)}, \quad d = 1, 2, 3 \tag{1-2}$$

它是维数本质的数学特征。在分形中,如果研究图形具有严格的自相似性,则它的维数可以用此式求得。但是对于一般的分形维数的计算公式则要根据不同情况来定。

(2)分形维数的计算

分形维数有着很多不同的定义和计算方法,这里只列举常用的几种计算方法。

①Hausdorff 维数。

对于具有严格自相似的几何对象,当把它的线度放大 L 倍时,它本身成了原来几何体的 K 倍,则这个对象的维数为:

$$D = \frac{\ln K}{\ln L} \tag{1-3}$$

例如,把一个正方形每边放大 4 倍,图形本身则会变为原来的 16 倍,所以 $L=4$, $K=16$,而 $D=\ln16/\ln4=2$,即正方形的维数为 2。

②容量维数。

设球的个数的最小值为 $N(\varepsilon)$,容量维数 D_C 则可用下式来定义:

$$D_C = \lim_{\varepsilon \to 0} \frac{\ln N(\varepsilon)}{\ln(1/\varepsilon)} \tag{1-4}$$

这是测量几何实体分形维数的有效方法。

(3)分形几何在岩土领域中常用模型

分形几何的模型基本都是根据自相似性和标度不变性建立起来的,而大量研究表明,岩土内部微观孔隙具有统计意义上的自相似性,可以使用分形几何进行研究,目前使用得较多的模型是 Koch 曲线、Sierpinski 垫片和地毯、Menger 海绵等模型,其图形见图 1-1。

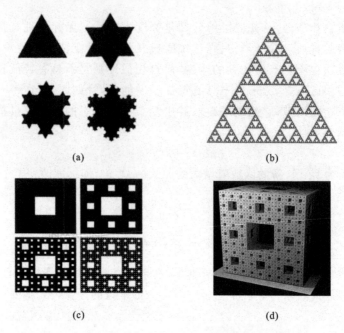

图 1-1　常用分形几何模型

(a)Koch 曲线；(b)Sierpinski 垫片；(c)Sierpinski 地毯；(d)Menger 海绵

以上这几种分形模型是目前讨论最多的，其中 Sierpinski 垫片和地毯、Menger 海绵模型与孔隙结构比较相似而被研究者用来建立孔隙结构的分形数学模型，二维孔隙表面分布模型多使用 Sierpinski 垫片和地毯建立，而三维孔隙体积分布模型则多使用 Menger 海绵来建立。其中 Menger 海绵模型是 Sierpinski 地毯模型的三维扩展，可以发现 Menger 海绵的每一个面都是 Sierpinski 地毯，所以 Menger 海绵又被称为 Menger-Sierpinski 海绵。Koch 曲线则经常被用来构造描述孔隙边缘轮廓的分形数学模型。

本书采取的试验为压汞试验和扫描电镜试验，而 Menger 海绵的建立与压汞试验测量孔隙过程相似，即先进入大孔隙，再到小孔隙，所以 Menger 海绵与压汞试验数据相似性很好，已有很多研究者利用 Menger 海绵模型来处理压汞试验数据，从而得到分形维数，这是目前使用较多且可靠的方法。扫描电镜图片得到的土体表面微观孔隙可认为是孔隙在土体表面的分散系统，是一种二维的孔隙表面分布结构，而 Sierpinski 地毯模型比较适合描述这种离散的结构，因此使用基于 Sierpinski 地毯建立的分形模型来计算二维孔隙结构和变化规律是比较好的选择。

（4）孔隙分形模型概述

分形几何在岩土领域内的应用主要分为三个部分，第一个部分是证明所研究土体具有分形特性，即分形几何应用到岩土上的可行性，目前已经有大量研究证实分形几何可以应用到岩土的微结构领域。在证实了分形几何的可行性之后,第二个部分就是建立分形模型和分形维数的计算方法,这是最关键的部分,因为如果分形维数计算失败,分形模型建立失败,则意味着分形几何在岩土上应用失败,第一部分工作将功亏一篑,第三部分工作也将无法进行。第三部分则是建立分形维数与岩土宏观物理性质的联系,只有将分形维数与岩土的宏观物理性质联系起来才能应用到工程实际当中。目前,第三部分仍缺乏大量的试验研究和理论推导,而第二部分分形模型和分形维数计算方法已有部分理论推导和试验研究,但很多模型和计算方法物理意义并不明确,且系统性不强。分形几何理论是一门不断在实践中得到发展的理论,只有大量应用它,才能使得更加系统而科学的模型和计算方法出现。在岩土微观结构研究中,研究对象主要为土体颗粒和孔隙,因此分形模型也分为土体颗粒分形模型和土体孔隙分形模型,而本书则主要介绍已有的土体孔隙分形模型。

早在 1985 年,Katz 等[93]利用扫描电镜和光学显微镜等技术研究了砂岩的微观孔隙,并在此基础上提出了孔隙率模型:

$$\phi = A\left(\frac{L_1}{L_2}\right)^{3-D} \tag{1-5}$$

式中:ϕ 为孔隙率;A 为常数,一般情况下取 1;L_1 为测量尺度,可取最小的颗粒粒径;L_2 为图片的观测范围尺度;D 则为分形维数。

后人则根据此孔隙率模型,并利用 Sierpinski 地毯和 Menger 海绵进行了扩展和修改,其中 Yu 等[94]以 Sierpinski 地毯为基础,将 Katz 的孔隙模型修改为:

$$\phi = \left(\frac{\lambda_{\min}}{\lambda_{\max}}\right)^{2-D_r} \tag{1-6}$$

$$\phi = \left(\frac{\lambda_{\min}}{\lambda_{\max}}\right)^{3-D_r} \tag{1-7}$$

式中:$\lambda_{\min}$ 和 $\lambda_{\max}$ 为自相似区域的下限和上限;D_r 为分形维数。

不难发现,当 A 为 1 时,式(1-5)和式(1-7)是相同的。

而 Friesen 等[95],谢和平[96]则以 Menger 海绵模型为基础,提出了下述表达式:

$$-\frac{\mathrm{d}V_p}{\mathrm{d}r} = Ar^{2-D_r} \tag{1-8}$$

式中:V_p 为孔径大于或等于 r 的孔隙体积;D_r 为分形维数。

将式(1-8)两边取对数,得到:

$$\ln\left(-\frac{\mathrm{d}V_p}{\mathrm{d}r}\right) = (2-D_r)\ln r + B \tag{1-9}$$

式中:B 为常数。根据式(1-9)可以发现,计算分形维数 D_r,可以先求得斜率 k,然后 $D_r = 2-k$,这样分形维数的计算问题就转变成求斜率问题,这为压汞试验计算分形维数提供了理论依据和基础。

不同于压汞试验,扫描电镜试验得到的是土样微观结构的观测图像,而非直接的内部孔隙数据,因此所采用的分形模型也完全不同。最常见的图像分形维数模型主要有 Peleg 的 ε-毯子模型、Pentland 的分数布朗随机场模型、Keller 提出的分形盒模型以及 Chaudhuri 提出的差分盒模型。在岩土微结构领域中,使用得最多的是 Keller 提出的分形盒模型,因为这种模型原理简单,便于编程和计算,计算得到的维数即是被大家所熟知的盒维数。这里将对各模型进行简单的介绍。

①Peleg 的 ε-毯子模型。

Mandelbrot 首先提出了一种计算分形维数的方法,其公式可表示为:

$$l(\varepsilon) = A\varepsilon^{1-D} \tag{1-10}$$

式中:ε 为海岸线各点距离的上限;A 为常数;D 为分形维数。

Peleg 在 Mandelbrot 提出的计算方法的基础上将其扩展到了表面区域的计算,并将灰度值视为第三维(高度),在距各表面为 ε 的两侧做一毯子,毯子厚度为 2ε,求出毯子的体积后再除以 2ε 就得到毯子的表面积。不同的 ε 可以得到不同的表面积,这就可以建立函数关系。

②Pentland 的分数布朗随机场模型。

使用分数布朗运动来描述具有统计自相似性的随机过程是由 Mandelbrot 提出来的,而 Pentland 将这种思想应用于灰度图像上。分数布朗随机场是用分数布朗运动来描述的空间随机场。经过 Pentland 的研究,发现大多数的自然景物表面的灰度图像符合各向同性的分数布朗随机场模型,用分数布朗随机场模型作为分形模型时,分形维数的计算公式为:

$$D = D_T + 1 - H \tag{1-11}$$

式中:D_T 为图像表面的拓扑维数;H 为分形参数,需要由频域或者时域估计来获得。

在使用分数布朗随机场模型来计算分形维数时,需要注意的是分数布朗随机场模型是只在特定的尺度范围内才具有分形特征,Pentland 发现当尺度范围很小时,使用分数布朗随机场模型来描述自然景物具有较好的统计自相似性,因此在使用此模型时最好保证在小尺度范围内使用。

③分形盒模型。

根据 Mandelbrot 的理论,在 N 维的欧氏几何空间内,某有界集合 A 如果可以分成 N_r 个互不覆盖的子集,则集合 A 具有自相似性,此时 A 的分形维数计算公式如下:

$$D = \frac{\lg N_r}{\lg(1/r)} \tag{1-12}$$

式中:r 为测量尺度;N_r 为集合 A 的互不覆盖的子集个数。

但是由于自然界中的物体大部分不具有严格的自相似性,只具有统计意义上的自相似性,因此使用上述公式计算分形维数比较困难。

Keller 和 Voss 提出了一种分形盒维数估计方法,将图像视为一个三维空间 $(x,y,f(x,y))$,这里的 $f(x,y)$ 为图像的灰度值,然后使用一定尺度的长方形格子去覆盖图像,计算点落到盒子内的概率,从而得到图像的分形维数。

分形盒维数由于计算简单,易于编程,因而被广泛用来计算扫描电镜图片的分形维数。

(5)分形几何在微结构研究中的应用

自然界许多物体形状千奇百怪,大部分都不是简单的欧氏几何图形,而是复杂、不规则的形状,上到白云闪电,下到山川河流,其形状规律都难以利用传统的欧氏几何学来进行研究,而土石作为自然界中的一部分,即使宏观上可能会有规则的几何形状,但其内部微观结构都呈现出多孔隙的不规则形状,正因为其内部微观结构的不规则性以及复杂性,传统的数学工具难以对其进行描述和解释,从而导致土体微观结构研究在定量研究这方面一直没有取得很大的进展。但是随着分形几何理论的出现,人们拥有了研究这些不规则物体的数学手段,因其理论的普适性而被研究人员运用于各领域当中,土体的微观结构研究领域便是其中之一。

分形几何是由美籍数学家 Mandelbrot 于 20 世纪 70 年代末创立的[97],现在已经在各领域都得到了广泛的应用,而在土体微观结构研究领域中已有大量研究表明土体内部孔隙结构具有分形特性,采用分形理论进行研究是可行且有效的手段。而利用分形理论研究土体内部结构的一个重要指标就是分形维数,目前对于分形维数的计算,经常使用的方法是利用土体微观结构图片进行计算或者直接由微观结构数据进行计算。得到土体微观结构图片的试验主要为 CT 扫描试验和扫描电镜试验等,而得到微观结构数据的试验则有压汞试验、气体吸附试验和 X 射线衍射试验等。现在国内外已经有大量研究者利用这些试验对土体内部结构进行了分形几何的研究,并取得了大量研究成果。

通过测得的微观结构数据直接计算分形维数的有:姜岩等[98]根据压汞试验数据,利用 Menger 海绵模型计算了不同交通荷载作用下结构性软土的分形维数,并从中得出了结构性软土内部的孔隙分布特性,认为孔隙分形维数可以用来预测卓越频率和分析路基土体变形行为机制。王欣等[99]采用高压压汞试验和分形理论对孔隙结构进行了分析,确定了页岩岩样的孔隙分布情况,并利用分形理论将孔径分为两部分,大于 15nm 的孔隙和小于 15nm 的孔隙。杨洋等[100]利用压汞试验发现膨胀土的孔隙分布具有多重分维特征,并将膨胀土的孔隙划分为大、小、微三类。王志伟等[101]基于高压压汞数据,利用分形理论研究了泥页岩孔隙结构分形特征,并发现中值孔径与过渡孔分形维数相关性最强。姜文等[102]将压汞试验数据制作成双对数图,计算出了安康地区石煤孔隙结构的分形维数,发现石煤的渗透分形维数 D_s 为 2.524~2.917,而扩散分形维数 D_k 为 2.488~2.931。Friesen 等[95] 利用压汞法测试了煤内部的孔隙分布,利用低压获得了颗粒间的孔隙分布数据,利用高压获得了颗粒内部的孔隙分布数据,发现煤的体积分布具有分形特性。Pfeifer 等[103],Avnir 等[104] 通过气体吸附试验对微观孔隙的表面积进行了研究,发现大部分材料的微观孔隙都具有分维特性,可以利用分形理论进行研究。

通过微观结构图片进行分形维数计算的有:张德诚等[105] 对斜坡土柱样品进行了 CT 扫描,并利用 CT 扫描图片进行了盒维数计算,分析了盒维数与大孔径分布之间的关系。宋丙辉等[106] 采用面积-周长法对滑带土的孔隙微观结构进行了分形研究,并探讨了图像的放大倍数以及阈值的选取对分形维数的影响。包惠明等[107] 利用数码相机对多次干湿循环后的膨胀土分区域进行拍摄,然后使用 Photoshop 和 MATLAB 软件对图片进行了处理和计算,得到了表面裂隙分形维数。贾东亮等[108] 利用扫描电镜获得膨胀土微结构图片后使用 MATLAB 进行分形维数计算,并发现含水量较低时,分形维值较大,颗粒集团化低。刘熙媛等[109] 同样利用 MATLAB 软件编程,对扫描电镜图片进行分维计算,发现土体越松散,平面分形维值越大。Katz 等[93] 用扫描电镜研究了砂岩的微观孔隙结构,证实砂岩内部孔隙具有分维特性。

综上所述,压汞试验以及扫描电镜试验是目前研究孔隙分形维数最主要、最常用且最成熟的手段,因此本书将利用压汞试验和扫描电镜试验对脱湿后的膨胀土进行微观结构分形研究,从中发现脱湿环境、初始含水率和压实度与分形维数的关系以及变化规律。

1.4　裂隙膨胀土渗流特性研究

膨胀土的渗流问题具有与一般非饱和土相同的普遍特性,同时又由于膨胀土本身所具有较强的胀缩性,使得土体中的裂隙与孔隙大小和分布都发生变化而影响渗透特性。许多研究者在膨胀土边坡稳定问题的研究中,均发现了裂隙的存在及其发展变化对边坡稳定有着重要的影响。反复胀缩使得土体产生纵横交错的裂隙,土体变得松散,再加上风化作用,进一步破坏了土体的完整性。这些裂隙网络又为雨水入渗和水分蒸发提供了良好的通道,使得气候对土体的影响进一步向土体深部发展。这种气候影响深度一般在 1.5~2.0m,最大深度可达 4m。雨季时,正是在这一层浅层裂土中,雨水下渗迅速,并很快被土体大量吸收,吸力骤降,强度也随之骤降;另外,在气候影响深度以下,土体裂隙不发育,渗透性相对较低,从而形成了相对不透水层。从上部入渗的雨水在此交界面汇集,使得交界面处的土体很快达到饱和,吸力丧失,形成一层饱和软化带,其强度随着降雨的发展逐渐丧失,一旦这种饱水软化带贯通,就会形成浅层滑坡。由降雨入渗和大气蒸发所引起的膨胀土灾害屡见不鲜,如长期降雨造成的膨胀土路堑边坡的失稳;在蒸发量较大的地区,雨季过后长期干旱会造成膨胀土地面开裂,从而引起房屋结构破损等现象。

非饱和渗流问题的研究由来已久,降雨条件下膨胀土边坡的渗流分析是典型的非饱和渗流问题。20 世纪 60 年代,随着计算机的出现,数值模拟应用到求解 Richards 方程中,这使得理论上难以求解、实践中难以模拟的非饱和稳定与非稳定渗流获得了合理的数值解。早期主要用有限差分法求解 Richards 方程,后来随着有限元方法的迅速发展成熟,逐渐取代了有限差分法成为非饱和渗流数值模拟的主要方法。在有限元数值模拟方面,Neuman(1974)[110] 最早将有限元方法应用到求解饱和-非饱和渗流问题中。他用 Galerkin 法对 Richards 方程进行空间域的离散,用 Crank-Nicolson 有限差分格式对时间域进行离散,解决了许多边界条件复杂的渗流问题。Neuman 的这些研究成果后来被广泛采用,他的文献也因此成为饱和-非饱和渗流研究方面的经典之作。Neuman 之后,众多学者进一步对饱和-非饱和渗流作了广泛深入的研究,对不同变量的 Richards 方程都作了大量的数值模拟,并积累了相当丰富的经验。

对于膨胀土边坡来说,降雨入渗是影响边坡稳定性、导致边坡失稳的最主要和最普遍的外部因素。因此,国内外众多学者开展的大气与非饱和土相互作用的研究,多关注降雨入渗对边坡稳定性的影响。如通过对残积土边坡在现场人工和天然降雨影响下的原位监测,建立降雨入渗量和径流量的关系以及孔隙水压力变化和含水率变化随降雨量变化的关系;为得到由于蒸发和入渗而引起土坡孔隙水压力的变化,建立了残积土边坡孔压观测站,考虑边坡的响应仅有孔压。在室内模型试验研究方面,开发调节模型边界相对湿度的大气干湿循环模拟箱,用离心机模拟降雨入渗和蒸发蒸腾等气候效应对岩土构筑物的影响;开展积水、阴天、日照和降雨等环境下不同排水与路基边坡坡度的膨胀土路基模型试验,得到膨胀土路基温度与土压力的变化规律。C W W Ng 等(1998)[111]针对各种降雨情况和初始水力条件下香港边坡渗流及其稳定性进行了研究,认为边坡稳定不仅与降雨强度、前期降雨历时、初始地下水位有关,还与土体各向异性渗透比有关。姚海林等(2001,2002)[112-113]对当宜高速公路膨胀土进行了考虑降雨入渗影响的边坡稳定性分析,比较了考虑与不考虑裂隙和工程地质经验法的计算结果,将土体开裂形成的宏观主裂隙单独处理,对降雨入渗条件下膨胀土边坡的稳定性问题进行了初步研究,得到了一些有益的结论。I Tsaparas 等(2002)[114]通过多参数控制分析降雨滑坡,认为饱和水头系数和降雨形式(表现为降雨强度和历时)能显著影响非饱和土边坡的渗流形式。张华(2002)[115]将均质膨胀土边坡看作由两层土体构成,上部土层作为均一裂隙带,下部土层保持原状膨胀土的特性。裂隙带的渗透性远大于原状土体,其抗剪强度则小于下部土体。袁俊平和殷宗泽(2004)[116]建立了考虑裂隙的非饱和膨胀土边坡入渗的数学模型,利用有限元数值模拟方法分析了边坡地形、裂隙位置、裂隙开展深度及裂隙渗透特性等对边坡降雨入渗的影响。Tony L T Zhan(2004)[117]通过解析公式进行了非饱和渗流参数分析。陈铁林等(2006)[118]基于非饱和土广义固结理论,对某膨胀土边坡进行了有限元计算分析,在分析过程中考虑了变形与孔隙水、孔隙气流动的耦合,对比膨胀土边坡中有无裂隙的情况,认为裂隙对膨胀土边坡的雨水入渗有着很重要的影响,膨胀土边坡的雨水入渗只发生在边坡的表面,因而多数滑坡表现为浅层滑动。陈建斌(2006)[119]以广西南宁膨胀土为研究对象,较为全面地演示了大气作用下膨胀土边坡响应的演化规律,并对膨胀土边坡的灾变机理进行了分析研究。李雄威(2008)[120]以广西南宁膨胀土为研究对象,结合现场试验及室内试验,将裂隙对强度的衰减和对渗透的影响考虑进数值计算。计算表明,裂隙对边坡稳定性的结果影响较大。

裂隙在气候干湿循环等作用下发生、发育、扩展,破坏了土体的完整性,同时为水分的渗流提供了通道,是影响膨胀土边坡稳定的关键因素。国内外经过几十年的研究,从物质成分与结构层面探讨了其胀缩机制,基本弄清了膨胀土微结构类型,并提出了膨胀土胀缩理论。随着非饱和土力学理论的发展,以及相应试验、测试技术的进步,从吸力量测、控制吸力等角度研究膨胀土的强度特性、变形特性与渗流特性已成为热点,并取得了一系列新进展,提出了多种模型,如非饱和土的非线性弹性模型、弹塑性模型、二元介质模型、非饱和土的热-水力-力学本构模型与考虑温度影响的重塑非饱和膨胀土非线性本构模型;考虑雨水入渗与蒸发的边坡稳定性分析方法;土壤学裂隙优势流理论的引入;干湿循环对膨胀土吸力特性、强度特性与结构损伤影响的深入探讨;新型试验装置与传感器的研制,如温控非饱和土三轴仪、CT试验应用、离心模型试验、高量程张力传感器等。这些都为进一步深入研究和了解膨胀土的基本性质奠定了良好的基础。

1.5 主要研究内容

本书以膨胀土边坡开裂变形和失稳为背景,以南阳膨胀土为研究对象,通过数码摄影结合数字图像处理方法研究膨胀土平面裂隙扩展的规律,同时通过CT扫描试验研究了膨胀土裂隙的三维扩展规律,采用油渗的方法间接定量分析膨胀土内部裂隙的扩展规律,并采用压汞法(MIP)和扫描电子显微镜分析法(SEM)相结合的方法研究南阳膨胀土脱湿干燥后微结构变化,分析其微观机理,利用分形理论和分形模型对压汞试验数据进行分形维数计算,利用分形维数对微观结构的演变规律进行研究和分析,进行膨胀土裂隙发育、渗流的综合性室内试验,深入研究裂隙膨胀土的渗透特性,揭示膨胀土裂隙性的作用机制及工程效应,以期为膨胀土边坡灾害评估及坡面防护理论与设计提供依据或参考,借鉴多孔介质渗流的双重孔隙模型建立考虑裂隙作用的膨胀土渗流模型及其参数确定方法,深入认识裂隙膨胀土的渗流特性,为膨胀土边坡变形、稳定性评价、灾害预测提供理论依据和技术支持。

本书研究的主要内容如下:

①膨胀土平面裂隙发育规律。

研究膨胀土裂隙发育的尺寸效应、温度敏感性,考虑试样均匀性对膨胀土裂隙发育的影响。在数码摄影时,通过控制外部光照条件及相机自身参数保持一致,获取清晰可靠的膨胀土裂隙图像。使用 MATLAB 软件对膨胀土裂隙图像进行处理,提取所需的裂隙特征参数。

②膨胀土裂隙三维空间分布规律。

对不同含水率、不同干密度的膨胀土样的裂隙三维空间分布规律进行试验研究,在膨胀土样不同脱湿阶段采用 CT 扫描观测其内部裂隙发育形态,探讨不同初始条件下膨胀土的裂隙三维扩展规律。

③探讨膨胀土裂隙发育的微观机理,利用分形维数研究微观结构的演变规律。

采用扫描电子显微镜分析法和压汞法结合的方法对脱湿前后原状土样及不同重塑土样的微观结构变化进行分析,利用分形理论和分形模型对压汞试验数据进行分形维数计算,利用分形维数对微观结构的演变规律进行研究和分析,探讨膨胀土裂隙发育微观机理。

利用分形理论和分形模型对压汞试验数据进行分形维数计算,利用分形维数对微观结构的演变规律进行研究和分析,并在分形维数计算的基础上,对不同的分形维数计算方法进行对比,比较各计算方法的优劣。其中,压汞试验所获得的内部孔隙数据信息经过处理后利用 Menger 海绵模型所建立的计算方法计算分形维数,而扫描电镜试验得到的微观结构图片先使用 MATLAB 数值软件对扫描电镜图像进行预处理,然后根据图像分形模型进行编程,从而计算出分形维数,接着利用分形维数研究膨胀土微观结构演变规律,探索出膨胀土脱湿后微观结构的变化规律,以及脱湿环境、初始含水率和压实度对脱湿后膨胀土微观结构的影响,探明南阳膨胀土内部孔径的划分标准。目前,分形维数的计算方法较多,而不同的方法得出的结果差别较大,因此本书将对各种计算方法进行比较,说明其优劣,为以后分形维数的计算提供参考。

④采用间接定量的方法分析膨胀土内部裂隙扩展规律。

对膨胀土内部裂隙很难进行直接的定量量测与分析,根据岩土体介质内部裂隙不同时通过流体的能力不同,可以尝试研究裂隙膨胀土通过流体的能力变化从而间接定量分析膨胀土内部裂隙的扩展规律。由于膨胀土具有很强的水敏性,采用煤油进行渗透实验,可得到膨胀土裂隙发育不同程度时的油渗率,分析不同初始状态的裂隙膨胀土油渗规律,对油渗试验结果结合试样裂隙表面裂隙发育图像及裂隙率曲线综合分析膨胀土裂隙发育规律。

⑤裂隙影响下的膨胀土渗流特性。

进行膨胀土裂隙发育、渗流的综合性室内试验,记录不同重塑膨胀土在脱湿过程中裂隙发育过程,在室内进行人工降雨下的裂隙膨胀土渗流试验研究,研究同种膨胀土样在不同裂隙发育阶段裂隙变化以及渗透特性变化规律,研究不同干密度和不同初始含水率膨胀土裂隙发育情况及渗流规律。

⑥建立考虑裂隙的膨胀土双重孔隙渗流模型。

借鉴多孔介质渗流的双重孔隙模型,结合裂隙膨胀土失水开裂、吸水收缩特性,建立考虑裂隙作用的膨胀土渗流模型,并找出其参数确定方法,深入认识裂隙膨胀土的渗流特性。

注释

[1] 谭罗荣,孔令伟. 特殊岩土工程土质学[M]. 北京:科学出版社,2006.

[2] Fredlund D G, Rahardjo H. Soil Mechanics for Unsaturated Soils[M]. New Jersey: Wiley, 1993.

[3] 包承纲. 非饱和土的性状及膨胀土边坡稳定问题[J]. 岩土工程学报, 2004, 26(1):1-15.

[4] 朱志澄. 构造地质学[M]. 武汉:中国地质大学出版社,1999.

[5] 缪林昌,刘松玉. 论膨胀土的工程特性及工程措施[J]. 水利水电科技进展, 2001, 21(2):37-40.

[6] 袁俊平. 非饱和膨胀土的裂隙概化模型与边坡稳定研究[D]. 南京:河海大学,2003.

[7] 刘特洪. 工程建设中的膨胀土问题[M]. 北京:中国建筑工业出版社,1997.

[8] 廖济川. 开挖边坡中膨胀土的工程地质特性[C]//非饱和土理论与实践学术研讨会文集. 北京:中国土木工程学会土力学及基础工程学会,1992.

[9] 马佳,陈善雄,余飞,等. 裂土裂隙演化过程试验研究[J]. 岩土力学,2007,28(10):2203-2208.

[10] 冯欣. 膨胀土裂隙扩展与入渗试验研究[D]. 武汉:中国科学院武汉岩土力学研究所,2009.

[11] 李雄威,冯欣,张勇. 膨胀土裂隙的平面描述分析[J]. 水文地质工程地质,2009,36(1):96-99.

[12] 王军,龚壁卫,张家俊,等. 膨胀岩裂隙发育的现场观测及描述方法研究[J]. 长江科学院院报,2010,27(9):74-78.

[13] 周伟. 膨胀土脱湿全过程裂隙演化规律研究[D]. 武汉:中国科学院武汉岩土力学研究所,2011.

[14] 陈正汉,卢再华,蒲毅彬. 非饱和土三轴仪的 CT 机配套及其应用[J]. 岩土工程学报,2001,23(4):387-392.

[15] 陈正汉,方祥位,朱元青,等. 膨胀土和黄土的细观结构及其演化规律研究[J]. 岩土力学,2009,30(1):1-11.

[16] 杨更社,谢定义,张长庆. 岩石损伤特性的 CT 识别[J]. 岩石力学与工程学报,1996,15(1):48-54.

[17] Launeau P,Robin P Y F. Fabric Analysis Using the Intercept Method [J]. Tectonophysics,1996,267(1):91-119.

[18] 范留明,李宁. 基于模式识别技术岩体裂隙图像的智能解译方法研究[J]. 自然科学进展,2004,14(2):236-240.

[19] 范留明,李宁. 基于数码摄影技术的岩体裂隙测量方法初探[J]. 岩石力学与工程学报,2005,24(5):792-797.

[20] Picornell M,Lytton R. Field Measurement of Shrinkage Crack Depth in Expansive Soils[J]. Transportation Research Record,1989,12(19):121-130.

[21] Morris P H,Graham J,Williams D J. Cracking in Drying Soils[J]. Canadian Geotechnical Journal,1992,29(2):263-277.

[22] Terzaghi K. Stability of Slopes of Natural Clay[C]// Proceedings of the 1st International Conference of Soil Mechanics and Foundations. Cambridge:Harvard University,1936:161-165.

[23] Archie G E. The Electrical Resistivity Log as an Aid in Determining Some Reservoir Characteristics[J]. Trans AIMe,1942,146(1):54-67.

[24] Skempton W A. Long-term Stability of Clay Slopes [J]. Geotechnique,1964,14(2):77-102.

[25] Waxman M,Smits L. Electrical Conductivities in Oil-bearing Shaly

Sands[J]. SPE Journal,1968,8(2):107-122.

[26] 蒲毅彬. CT 用于冻土实验研究中的使用方法介绍[J]. 冰川冻土,1993,15(1):196-198.

[27] 赵中秀,王小军.超固结裂隙黏土的抗剪强度[J]. 路基工程,1994(5):72-77.

[28] 卢再华,陈正汉,蒲毅彬.原状膨胀土损伤演化的三轴 CT 试验研究[J]. 水利学报,2002,33(6):106-112.

[29] 袁俊平,殷宗泽,包承纲.膨胀土裂隙的量化手段与度量指标研究[J]. 长江科学院院报,2003,20(6):27-30.

[30] 袁俊平,殷宗泽.膨胀土裂隙的量化指标与强度性质研究[J]. 水利学报,2004,35(6):108-112.

[31] 刘松玉,查甫生,于小军. 土的电阻率室内测试技术研究[J]. 工程地质学报,2006,14(2):216-222.

[32] 查甫生,刘松玉,杜延军,等.非饱和黏性土的电阻率特性及其试验研究[J]. 岩土力学,2007,28(8):1671-1676.

[33] 查甫生,刘松玉,杜延军,等.电阻率法评价膨胀土改良的物化过程[J]. 岩土力学,2009,30(6):1711-1718.

[34] 龚永康,陈亮,武广繁.膨胀土裂隙电导特性[J]. 河海大学学报:自然科学版,2009,3(37):323-326.

[35] 赵明阶.裂隙岩体在受荷条件下的声学特性研究[J]. 岩石力学与工程学报,1999,18(2):238.

[36] 赵明阶,吴德伦.单轴受荷条件下岩石的声学特性模型与实验研究[J]. 岩土工程学报,1999,21(5):540-545.

[37] 赵明阶,徐蓉.岩石损伤特性与强度的超声波速研究[J]. 岩土工程学报,2000,22(6):720-722.

[38] 易顺民,黎志恒.膨胀土裂隙结构的分形特征及其意义[J]. 岩土工程学报,1999,21(3):294-298.

[39] Chertkov V. Using Surface Crack Spacing to Predict Crack Network Geometry in Swelling Soils[J]. Soil Science Society of America Journal,2000,64(6):1918-1921.

[40] 姚海林,郑少河,葛修润,等.裂隙膨胀土边坡稳定性评价[J]. 岩石力学与工程学报,2002,21(2):2331-2335.

[41] 尹小涛,党发宁,丁卫华,等.基于图像处理技术和 CT 试验的裂纹量化描述[J]. 实验力学,2005,20(3):448-454.

[42] 尹小涛,党发宁,丁卫华,等.岩土 CT 图像中裂纹的形态学测量[J].岩石力学与工程学报,2006,25(3):539-544.

[43] 陈尚星.基于分形理论的土体裂隙网络研究[D].南京:河海大学,2006.

[44] 潘宗俊,谢永利,杨晓华,等.基于吸力量测确定膨胀土活动带和裂隙深度[J].工程地质学报,2006,14(2):206-211.

[45] 李培勇,杨庆,栾茂田,等.非饱和膨胀土裂隙开展深度影响因素研究[J].岩石力学与工程学报,2008,27(1):2968-2972.

[46] 刘春,王宝军,施斌,等.基于数字图像识别的岩土体裂隙形态参数分析方法[J].岩土工程学报,2008,30(9):1383-1388.

[47] 王军.膨胀土裂隙特性及其对强度影响的研究[D].广州:华南理工大学,2010.

[48] 张家俊,龚壁卫,胡波,等.干湿循环作用下膨胀土裂隙演化规律试验研究[J].岩土力学,2011,32(9):2729-2734.

[49] 刘艳强.不同工况条件下填筑膨胀土的开裂规律试验研究[D].长沙:长沙理工大学,2012.

[50] 包惠明,魏雪丰.干湿循环条件下膨胀土裂隙特征分形研究[J].工程地质学报,2011,19(4):478-481.

[51] 齐吉琳,谢定义,石玉成.土结构性的研究方法及现状[J].西北地震学报,2001,23(1):99-103.

[52] 沈珠江.土体结构性的数学模型——21 世纪土力学的核心问题[J].岩土工程学报,1996,18(1):95-97.

[53] 谢定义,齐吉琳.土结构性及其定量化研究的新途径[J].岩土工程学报,1999,21(6):651-656.

[54] 洪振舜,立石义孝,邓永锋.天然硅藻土的应力水平与孔隙空间分布的关系[J].岩土力学,2004,25(7):1023-1026.

[55] 陈悦,李东旭.压汞法测定材料孔结构的误差分析[J].硅酸盐通报,2006,25(4):198-201.

[56] Tanaka H,Locat J. A Microstructural Investigation of Osaka Bay Clay:The Impact of Microfossils on Its Mechanical Behaviour[J]. Canadian Geotechnical Journal,1999,36(3):493-508.

[57] Penumadu D,Dean J. Compressibility Effect Inevaluating the Pore-size Distribution of Kaolin Clay Using Mercury Intrusion Porosimetry[J]. Canadian Geotechnical Journal,2000,37(2):393-405.

[58] Hong Z,Tateishi Y,Han J. Experimental Study of Macro and Micro-

behavior of Natural Diatomite [J]. Geotechnical and Geoenvironmental Engineering,ASCE,2006,132(5):603-610.

[59] 高国瑞. 膨胀土微结构特征的研究[J]. 工程勘察,1981(5):39-42.

[60] 高国瑞. 膨胀土微结构和膨胀势[J]. 岩土工程学报,1984,6(2):40-48.

[61] Delage P,Guy Lefebvre. Study of the Structure of a Sensitive Champlain Clay and of Its Evolution During Consolidation[J]. Can. Geotech,1984(21):21-35.

[62] 廖世文. 膨胀土与铁路工程[M]. 北京:中国铁道出版社,1984.

[63] 李生林,秦素娟,薄遵昭,等. 中国膨胀土工程地质研究[M]. 南京:江苏科学技术出版社,1992.

[64] 张梅英,袁建新. 岩土介质微观力学动态观测研究[J]. 科学通报,1993,38(10):920-924.

[65] 谭罗荣,张梅英,邵梧敏,等. 灾害性膨胀土的微结构特征及其工程性质[J]. 岩土工程学报,1994,16(2):48-57.

[66] 施斌,李生林. 黏性土微观结构 SEM 图像的定量研究[J]. 中国科学(A辑),1995,25(6):666-672.

[67] 刘小明,李焯芬. 岩石断口微观断裂机理分析与实验研究[J]. 岩石力学与工程学报,1997,16(6):509-513.

[68] 黄俊. 南昆线七甸泥炭土研究的新技术及新方法[J]. 路基工程,1999(6):13-18.

[69] 胡瑞林,李焯芬,王思敬,等. 动荷载作用下黄土的强度特征及结构变化机理研究[J]. 岩土工程学报,2000,22(2):174-181.

[70] 赵永红,梁海华,熊春阳,等. 用数字图像相关技术进行岩石损伤的变形分析[J]. 岩石力学与工程学报,2002,21(1):73-76.

[71] 吴紫汪,马巍,蒲毅彬,等. 冻土蠕变变形特征的细观分析[J]. 岩土工程学报,1997,19(3):1-6.

[72] 刘增利,李洪升,朱元林,等. 冻土单轴压缩动态试验研究[J]. 岩土力学,2002,23(1):12-15.

[73] 孙星亮,汪稔,胡明鉴. 冻土三轴剪切过程中细观损伤演化 CT 动态试验[J]. 岩土力学,2005,26(8):1298-1302.

[74] Cui Y J, Loiseau C, Delage P. Microstructure Changes of a Confined Swelling Soil Due to Suction Controlled Hydration[C]// Proceedings of the 3rd International Conference on Unsaturated Soils, Recife, Brazil. Lisse:Swets & Zeitlinger,2002.

[75] 吕海波,等. 软土结构性破损的孔径分布试验研究[J]. 岩土力学,2003,

24(4):573-578.

[76] 刘敬辉,洪宝宁,张海波.土体微细结构变化过程的试验研究方法[J].岩土力学,2003,24(5):744-747.

[77] 王洪兴,唐辉明,陈聪.滑带土黏土矿物定向性的 X 射线衍射及其对滑坡的作用[J].水文地质工程地质,2003(S1):79-81.

[78] 叶为民,黄雨,崔玉军,等.自由膨胀条件下高压密膨胀黏土微观结构随吸力变化特征[J].岩土力学与工程学报,2005,24(24):4570-4574.

[79] 徐春华,徐学燕,沈晓东.不等幅值循环荷载下冻土残余应变研究及其CT 分析[J].岩土力学,2005,26(4):572-576.

[80] 董好刚,张卫明,贾永刚,等.循环振动导致黄河口潮坪土成分结构变异研究[J].海洋地质与第四纪地质,2006,26(3):133-141.

[81] 雷胜友,唐文栋.原状黄土硬化屈服的损伤试验研究[J].土木工程学报,2006,39(2):73-77.

[82] 王朝阳,倪万魁,蒲毅彬.三轴剪切条件下黄土结构特征变化细观试验[J].西安科技大学学报,2006,26(1):51-54.

[83] 姜岩,雷华阳,郑刚,等.动荷载作用下结构性软土微结构变化的分形研究[J].岩土力学,2010,31(10):3075-3080.

[84] 丁建文,洪振舜,刘松玉.疏浚淤泥流动固化土的压汞试验研究[J].岩土力学,2011,32(12):3591-3597.

[85] 张先伟,孔令伟,郭爱国,等.基于 SEM 和 MIP 试验结构性黏土压缩过程中微观孔隙的变化规律[J].岩石力学与工程学报,2012,31(2):406-412.

[86] 蒋明镜,胡海军,彭建兵,等.应力路径试验前后黄土孔隙变化及与力学特性的联系[J].岩土工程学报,2012,34(8):1369-1378.

[87] 叶为民,赖小玲,刘毅,等.高庙子膨润土微观结构时效性试验研究[J].岩土工程学报,2013,35(12):2255-2261.

[88] 王婧.珠海软土固结性质的宏微观试验及机理分析[D].广州:华南理工大学,2013.

[89] 张先伟,孔令伟,李峻,等.黏土触变过程中强度恢复的微观机理[J].岩土工程学报,2014,36(8):1407-1413.

[90] Lambe T W. The Engineering Behaviour of Compacted Clays[J]. Journal of the Soil Mechanics and Foundation Division,ASCE,1958(84):1-35.

[91] 谭罗荣,张梅英,邵梧敏,等.灾害性膨胀土的微结构特征及其工程性质[J].岩土工程学报,1994,16(2):48-57.

[92] 潘霖.关于把分形几何引入探究式学习的思考[J].科技信息,2007

(17):145-146.

[93] Katz A J,Thompson A H. Fractal Sandstone Pores:Implications for Conductivity and Pore Formation[J]. Physical Review Letters,1985,54(12):1325-1328.

[94] Boming Yu,Jianhua Li. Some Fractal Characters of Porous Media[J]. Fractals-complex Geometry Patterns & Scaling in Nature & Society,2001,9(03):435-446.

[95] Friesen W I,Mikula R J. Fractal Dimensions of Coal Particles[J]. Journal of Colloid & Interface Science,1987,120(1):263-271.

[96] 谢和平. 岩土介质的分形孔隙和分形粒子[J]. 力学进展,1993,23(2):145-164.

[97] Mandelbrot B B. The Fractal Geometry of Nature[M]. New York:W. H. Freeman and Company,1983.

[98] 姜岩,雷华阳,郑刚,等. 动荷载作用下结构性软土微结构变化的分形研究[J]. 岩土力学,2010,31(10):3075-3080.

[99] 王欣,齐梅,胡永乐,等. 高压压汞法结合分形理论分析页岩孔隙结构[J]. 大庆石油地质与开发,2015,34(2):165-169.

[100] 杨洋,姚海林,陈守义. 广西膨胀土的孔隙结构特征[J]. 岩土力学,2006,27(1):155-158.

[101] 王志伟,王民,卢双舫,等. 基于高压压汞法的泥页岩储层分形研究——以松辽盆地青山口组湖相泥岩为例[J]. 河南科学,2015(7):1206-1213.

[102] 姜文,唐书恒,张静平,等. 基于压汞分形的高变质石煤孔渗特征分析[J]. 煤田地质与勘探,2013(4):9-13.

[103] Pfeifer P. Chemistry in Noninteger Dimensions Between Two and Three. I. Fractal Theory of Heterogenous Surfaces[J]. Journal of Chemical physics,1984,80(9):4573.

[104] Avnir D,Farin D,Pfeifer P. Chemistry in Noninteger Dimensions Between Two and Three. II. Fractal Surfaces of Adsorbents[J]. Journal of Chemical Physics,1998,79(7):3566-3571.

[105] 张德成,徐宗恒,徐则民,等. 基于分形维数的斜坡非饱和带土体大孔隙分布研究[J]. 地球与环境,2015,43(2):210-216.

[106] 宋丙辉,谌文武,吴玮江,等. 舟曲锁儿头滑坡滑带土微结构的分形研究[J]. 岩土工程学报,2011,33(S1):299-304.

[107] 包惠明,魏雪丰,等. 干湿循环条件下膨胀土裂隙特征分形研究[J]. 工

程地质学报,2011,19(4):478-482.

[108] 贾东亮,牛兰芹,李燕. 邯郸击实膨胀土的微结构与含水量关系研究 [J]. 河北建筑科技学院学报:自然科学版,2006,23(2):57-62.

[109] 刘熙媛,窦远明,闫澍旺,等. 基于分形理论的土体微观结构研究[J]. 建筑科学,2005,21(5):21-25.

[110] Neuman S P. Galerkin Approach to Saturated-unsaturated Flow in Porous Media. Finite Element in Fluids[J]. Viscous Flow and Hydrodynamical, 1974(3):55-57.

[111] C W W Ng, Q Shi. A Numerical Investigation of the Stability of Un-saturated Soil Slopes Subjected to Transient Seepage[J]. Computer and Geotech-nics,1998,22(1):1-28.

[112] 姚海林,郑少河,陈守义,等.考虑裂隙及雨水入渗影响的膨胀土边坡稳定性分析[J].岩土工程学报,2001(5):606-609.

[113] 姚海林,郑少河,李文斌,等. 降雨入渗对非饱和膨胀土边坡稳定性影响的参数研究[J].岩石力学与工程学报,2002(7):1034-1039.

[114] I Tsaparas, H Rahardjo, D G Toll, et al. Controlling Parameters for Rainfall-induced Landslides[J]. Computers and Geotechnics,2002(29):1-27.

[115] 张华.非饱和渗流研究及其在工程中的应用[D]. 武汉:中国科学院武汉岩土力学研究所,2002.

[116] 袁俊平,殷宗泽.考虑裂隙非饱和膨胀土边坡入渗模型与数值模拟[J].岩土力学,2004(10):1581-1586.

[117] Tony L T Zhan, Charles W W Ng. Analytical Analysis of Rainfall In-filtration Mechanism in Unsaturated Soils[J]. International Journal of Geome-chanics,2004,4(4):273-284.

[118] 陈铁林,邓刚,陈生水,等.裂隙对非饱和土边坡稳定性的影响[J].岩土工程学报,2006(6):210-215.

[119] 陈建斌.大气作用下膨胀土边坡的响应试验与灾变机理研究[D]. 武汉:中国科学院武汉岩土力学研究所,2006.

[120] 李雄威.膨胀土湿热耦合性状与路堑边坡防护机理研究[D]. 武汉:中国科学院武汉岩土力学研究所,2008.

2 南阳膨胀土平面裂隙发育规律

2.1 引 言

膨胀土是一种因自然气候的干湿交替作用而发生体积显著膨胀收缩、强度剧烈衰减而导致工程破坏且含有较多膨胀性黏土矿物成分的非饱和土。其主要不良工程性质表现为多裂隙性、超固结性、强亲水性、反复胀缩性和破坏的浅层性。

膨胀土在天然状态下常处于较坚硬状态,对气候和水文因素有较强的敏感性,这种敏感性对工程建筑物会产生严重的危害。多年来膨胀土及其工程问题一直是岩土工程和工程地质研究领域中世界性的重大课题之一。膨胀土具有的裂隙性与胀缩性、超固结性关系密切,含水量降低时,膨胀土发生干缩导致土体开裂,而气候干湿循环等作用导致裂隙进一步扩展;膨胀土在开挖过程中超固结应力的释放也会导致裂隙发展。裂隙的发生与扩展一方面破坏土体的完整性;另一方面为水分的渗流提供了通道,加剧了膨胀土的胀缩,因此,裂隙性是影响膨胀土边坡稳定的关键因素。国内学者如孙长龙[1]、包承纲[2]及殷宗泽[3]等先后研究了裂隙对膨胀土边坡稳定性的影响。由于裂隙对膨胀土物理力学性状及实际工程有重要影响,因此,研究膨胀土裂隙发育规律[4-7]具有非常实际的意义。

河南南阳地区广泛分布着膨胀性黏土,随着基础设施建设的推进,将会遇到复杂的膨胀土路堑边坡或渠道的稳定性问题。当前,由于现场试验研究时气候条件复杂多变以及时间、人工等成本高,对膨胀土裂隙的研究多采取室内模拟研究,通过数码摄影结合图形图像处理技术,对膨胀土的裂隙特征进行初步的定量化分析。但目前大部分的裂隙研究都是以饱和状态下的膨胀土泥浆为对象,与自然条件下膨胀土处于一定的压实状态不符;且膨胀土泥浆的厚度较小,不能体现由于沿深度方向的湿度梯度对膨胀土裂隙发育造成的影响,这与原位膨胀土裂隙的发育情况有明显的差异。

膨胀土裂隙开展与试样均匀性、环境温度、试样尺寸这三个因素关系极为密切,本章选定这三个因素对裂隙开展的影响展开试验,在试验过程中通过数码摄影获取清晰可靠的膨胀土平面裂隙图像,并进行图像处理及提取所需的裂隙特征。

2.2　试验土样与研究方法

（1）土样基本物理性质

试验所用土样取自南阳某高速公路现场,土样呈黄褐色,含铁锰结核,可塑,黏性较强,裂隙面呈蜡状光泽。

基本物性参数见表 2-1,颗粒级配曲线见图 2-1。从图 2-1 中可以看出,粒径小于 0.075mm 的土颗粒占总质量的 97.3% 左右,黏粒含量（粒径小于 0.005mm）约为 61.1%。根据表 2-2 可以判断,该膨胀土属于中膨胀土。

表 2-1　　　　　　　　　　试验用土样的基本物性参数

天然含水率/%	相对密度	自由膨胀率/%	收缩系数	缩限/%	天然重度/(kN·m^{-3})	干密度/(g·cm^{-3})	液限/%	塑性指数	体缩率/%	标准吸湿含水率/%	渗透系数/(cm·s^{-1})
25.4~26.8	2.81	61	0.38	11.0	19.8	1.57	55.4	29.2	20.3	6.725	1.06×10^{-6}

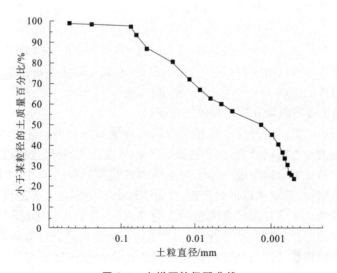

图 2-1　土样颗粒级配曲线

表 2-2 膨胀土膨胀潜势等级判别标准[8]

指标	膨胀潜势等级		
	弱膨胀土	中膨胀土	强膨胀土
塑性指数	15～28	28～40	＞40
自由膨胀率/%	40～60	60～90	＞90
标准吸湿含水率/%	2.5～4.8	4.8～6.8	＞6.8

（2）平面裂隙图像的获取

本书利用数码相机拍摄试验过程中裂隙发育到不同程度的平面图像,相机型号为佳能 EOS 500D,具有 1500 万有效像素,高达 ISO 12800 的扩展感光度和 ISO 100 至 ISO 3200 的常用感光度,快门速度 1/4000～30s,如图 2-2 所示。

图 2-2 摄影设备

摄影时对外部光照条件进行了控制,使用白炽灯进行补光,获得了正常曝光的裂隙图像,真实地反映了裂隙的发育状况。同时为防止相机参数以及相机位置等的变化对图像分析造成影响,摄影时固定相机参数,并利用三脚架和可以 360°旋转的云台固定相机位置,保证照片摄影参数一致,并有效地防止手持摄影情况下抖动对图像质量造成的影响。

（3）膨胀土裂隙图像处理及裂隙特征提取

膨胀土裂隙的量测主要分为直接量测和间接量测两大类。其中,直接量测主要包括最原始的人工现场量测、数码摄影、CT 扫描等;间接量测包括超声波法及电阻率法等。间接量测有助于进一步了解土体内部裂隙发育状况,但往往使用单一指标进行分析时,其精度难以得到保证,且需要结合直接量测方法进行校核。直接量测方法中现场人工量测需耗费大量的人力和时间,而数码摄影能够方便地获得清晰的裂隙平面图像,该量测方法的关键在于对裂隙图像进行计算机识别。因此,本章主要对裂隙图像处理及裂隙特征提取的方法进行了改进研究,进而获取膨胀土裂隙的各特征参数,实现裂隙特征的定量描述。

2.3 膨胀土平面裂隙图像处理

2.3.1 基本介绍

一幅图像可以被定义为一个二维函数 $f(x,y)$，其中 x 和 y 是空间（平面）坐标，f 在任何坐标点 (x,y) 处的振幅称为图像在该点的亮度。灰度是用来表示黑白图像亮度的一个术语，而彩色图像是由单个二维图像组合形成的。例如，在 RGB 彩色系统中，一幅彩色图像是由三幅独立的分量图像（红、绿、蓝）组成的。因此，许多黑白图像处理开发的技术适用于彩色图像处理，方法是分别处理三幅独立的分量图像。

图像关于 x 和 y 坐标及振幅连续。要将这样的一幅图像转换成数字形式，就要求数字化坐标和振幅。将坐标值数字化称为取样，将振幅数字化称为量化。因此，当 f 的 x,y 分量和振幅都是有限且离散的量时，称该图像为数字图像[9]。

取样和量化的结果是一个实数矩阵。假设对一幅图像 $f(x,y)$ 取样后，得到了一幅有着 M 行和 N 列的图像，称这幅图像的大小为 $M \times N$。在很多图像处理的书籍中，图像的原点定在 $(x,y)=(0,0)$ 处。沿图像第一行的下一坐标值为 $(x,y)=(0,1)$。图 2-3(a) 显示了这种坐标约定。其中 x 的范围是从 0 到 $M-1$ 的整数，y 的范围是从 0 到 $N-1$ 的整数。而 MATLAB 图像处理工具箱（IPT）中用于表示数组的坐标约定与上述坐标约定有两处不同。首先工具先使用 (r,c) 来表示行与列，且坐标系统的原点在 $(r,c)=(1,1)$ 处，r 是从 1 到 M 的整数，c 是从 1 到 N 的整数，如图 2-3(b) 所示。

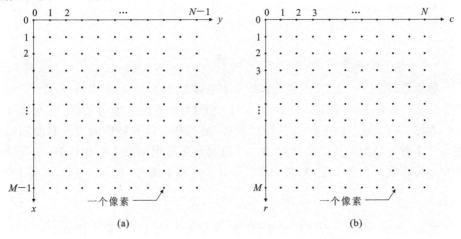

图 2-3 坐标约定

(a) 多数图像处理书籍中所用的坐标约定；(b) IPT 中所用的坐标约定

基于图 2-3(b)所示的坐标约定,一幅数字图像在 MATLAB 中可以很自然地表示成矩阵:

$$
f = \begin{bmatrix} f(1,1) & f(1,2) & \cdots & f(1,N) \\ f(2,1) & f(2,2) & \cdots & f(2,N) \\ \vdots & \vdots & & \vdots \\ f(M,1) & f(M,2) & \cdots & f(M,N) \end{bmatrix} \tag{2-1}
$$

其中 $f(p,q)$ 表示位于 p 行和 q 列的元素。

本书图像处理过程中主要涉及彩色图像、灰度图像及二值图像三种图像类型。

(1)彩色图像

彩色图像即为真彩色图像,其在 MATLAB 中的存储格式为 $m \times n \times 3$ 的数据矩阵,而数组中的元素值定义了图像中每个像素的红、绿、蓝颜色值。每个像素的颜色由保存在此像素网格中的红、绿、蓝灰度值的组合确定。RGB 图像的存储图形文件格式为 24 位的图像,其中红、绿、蓝分别占到 8 位,即可构成 1000 多万种的颜色($2^{24}=16777216$)。在 RGB 图像的双精度型数组中,每一种颜色均由 $0 \sim 1$ 之间的数值表示。

(2)灰度图像

灰度图像在 MATLAB 中被存储为一个单一的数据矩阵,而矩阵中的数据均代表了一定值域范围内的颜色灰度值,同时也代表了图像中的像素。矩阵取值范围为 $[0,255]$ 的 8 位无符号整型数据(unit 8)。若数据为双精度浮点型(double),则矩阵元素的取值范围为 $[0,1]$。

(3)二值图像

二值图像是一个取值只有 0 和 1 的逻辑数组。这两个可取的值分别对应于关闭和打开,关闭表征该像素处于背景,而打开表征该像素处于前景。以这种方式来操作图像可以更容易识别出图像的结构特征。

2.3.2 形态学图像处理基本运算

数学形态学是一门建立在格论和拓扑学基础之上的图像分析学科,是数学形态学图像处理的基本理论。其基本的运算包括:二值膨胀和腐蚀、二值开运算和闭运算等。

膨胀:在二值图像中为"加长"或"加粗"的操作。这种特殊的方式和变粗的程度由一个称为结构元素的集合控制。结构元素通常用 0 和 1 的矩阵表示,其原点必须明确标明。在数学上,膨胀为集合运算。A 被 B 膨胀,记为 $A \oplus B$,定义为:

$$
A \oplus B = \{z \mid (\hat{B})_z \cap A \neq \varnothing\} \tag{2-2}
$$

式中:$\varnothing$ 为空集,B 为结构元素,$\hat{B}$ 为 B 作关于原点的映象。将结构平移 z,结果是平移后与 A 交集不为空的 z 集合。

腐蚀:"收缩"或"细化"二值图像中的对象。像在膨胀中一样,收缩的方式和程度由一个结构元素控制。腐蚀的数学定义与膨胀相似,A 被 B 腐蚀记为 $A \ominus B$,定义为:

$$A \ominus B = \{ z \mid (B)_z \bigcap A^c \neq \varnothing \} \tag{2-3}$$

其中 A^c 为 A 的补集。换言之,A 被 B 腐蚀是所有结构元素的原点位置的集合,其中平移的 B 与 A 的背景并不叠加。

开运算:A 被 B 的形态学开运算可以记作 $A \circ B$,这种运算是 A 被 B 腐蚀后再用 B 来膨胀腐蚀结果:

$$A \circ B = (A \ominus B) \oplus B \tag{2-4}$$

形态学开运算完全删除了不能包含结构元素的对象区域,平滑了对象的轮廓,断开了狭窄的连接,去掉了细小的突出部分。

闭运算:A 被 B 的形态学闭运算可以记作 $A \cdot B$,它是先膨胀再腐蚀的结果:

$$A \cdot B = (A \oplus B) \ominus B \tag{2-5}$$

形态学闭运算与开运算一样,会平滑对象的轮廓。然而,与开运算不同的是,闭运算一般会将狭窄的缺口连接起来形成细长的弯口,并填充比结构元素小的孔洞。

使用 imopen 和 imclose 函数对图 2-4(a)进行开运算和闭运算。图 2-4(b)是图 2-4(a)经过开运算之后的效果图,可以看到细长的突出部分和指向外部的齿状边缘已被删除。细长的连线和小的孤立物也被删除。图 2-4(c)是图 2-4(a)经过闭运算之后的效果图,这里细长的弯口、指向内部的齿状边缘和小洞都已被删除。图 2-4(d)是在图 2-4(b)的基础上再进行一次闭运算,最终非常成功地平滑了目标,可见将开运算和闭运算组合起来使用可以有效地去除噪声。

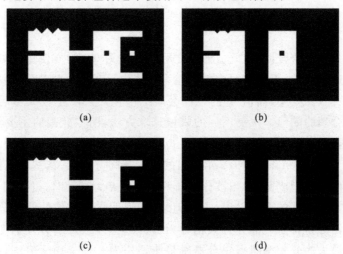

(a)   (b)

(c)   (d)

图 2-4 开运算和闭运算说明

(a)原图像;(b)开运算后的图像;

(c)图 2-4(a)经闭运算后的图像;(d)图 2-4(b)经闭运算后的图像

2.3.3　膨胀土平面裂隙图像处理

2.3.3.1　图像转换

(1)灰度化

通过数码摄影获得的图像为彩色图像,直接处理工作量较大,需先将图像进行灰度化。从彩色空间到灰度空间有多种算法,本书采用加权平均法,即根据重要性及其他指标,将三个分量以不同的权值进行加权平均。由于人眼对绿色的敏感度最高,对蓝色敏感度最低,因此,按下式对 RGB 三分量进行加权平均能得到较合理的灰度图像:

$$f(i,j) = 0.30R(i,j) + 0.59G(i,j) + 0.11B(i,j) \tag{2-6}$$

式中:$R(i,j)$、$G(i,j)$ 及 $B(i,j)$ 代表 RGB 图像在 i 行 j 列位置处的三种颜色分量幅值,$f(i,j)$ 为转化后得到的灰度图像在 i 行 j 列位置处幅值,各常数为权系数。

(2)二值化

为进一步减少后期处理的计算量,需将灰度图像转化为二值图像。该图像取值仅包含 0 或者 1,其中 0 表示黑色,1 表示白色。

二值化的过程即利用阈值处理对图像实现分割。记原灰度图为 $f(x,y)$,通过设定一个阈值 T,任何满足 $f(x,y) \geqslant T$ 的点 (x,y) 称为对象点,其他点则称为背景点。阈值处理后的图像 $g(x,y)$ 定义为:

$$g(x,y) = \begin{cases} 1 & f(x,y) \geqslant T \\ 0 & f(x,y) < T \end{cases} \tag{2-7}$$

裂隙部分灰度值较低,在阈值处理之后被标注为 0。为方便后期处理,将获得的二值图像进行反转,得到的图像中标注为 1 的像素对应裂隙部分,而标注为 0 的像素则对应背景。其中,阈值 T 的选择会对二值化效果产生较大影响,需根据实际情况选择合理的阈值。根据不同的阈值选取方法,图像分割的主要算法有直方图阈值法、迭代法和大津法,本书采取改进的大津法来对图像进行分割。

大津法[10]是由 Otsu 在 1979 年提出的最大类间方差法,其基本思路是将直方图在某一阈值处分割成两组,当被分成的两组的方差为最大时,得到阈值。因为方差是灰度分布均匀性的一种量度,方差值越大,说明构成图像的两部分差别越大,将部分目标错分为背景或部分背景错分为目标都会导致两部分差别变小,因此使用类间方差最大的分割意味着错分概率最小。作为一种全局阈值法,由于其计算简单、稳定有效,因而一直被广为使用。对于膨胀土泥浆开裂后的照片,通过灰度化之后,采用上述方法得到的二值图像效果较好,如图 2-5 所示。

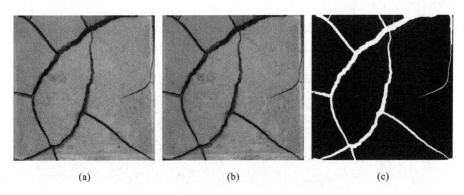

图 2-5　图像转换

(a)彩色图像；(b)灰度图像；(c)二值图像

　　但当图片存在对不均匀光照及干湿不一致等情况时，全局阈值法进行二值化效果则不太理想。图 2-6(a)在使用 Ostu 法进行二值化时，效果如图 2-6(b)所示。可见图 2-6(b)中小方框标记处明显为背景部分，被误处理为目标部分。原因是这几处的灰度值较低，与目标灰度较为接近，而在使用全局阈值进行图像分割时，阈值 T 要明显大于该处的灰度值，故将该处的值置为 1，即处理成裂隙部分。

图 2-6　全局阈值二值化

(a)灰度图像；(b)二值图像 f1

　　本书针对此类图像的特点提出一种改进的 Ostu 法。具体算法如下：

　　①假设图像大小为 $M×N$，先利用全局阈值法进行图像分割获得初始二值图像 f1。

②将图像分为$(M/A) \times (N/A)$大小的A^2个区域,并对每个小区域使用 Ostu 法进行图像分割,其中A取值为M和N的公约数。A取值越大,较小区域内的裂隙和背景区分越明显。当A取值分别为 5 和 10 时,二值化效果如图 2-7 所示。

(a)   (b)

图 2-7   局部阈值二值化

(a)$A = 5$,二值图像 f2;(b)$A = 10$,二值图像 f3

③采用局部阈值二值化之后,有效地将裂隙和背景区分开来。然而产生了图 2-7 方框内所示的杂点。这种出现在背景区域的杂点称为伪影。出现这种现象是因为考察窗口内无目标点,即无裂隙存在时,个别的噪点会引起阈值的突变,从而使本应是背景的点被二值化为目标点。此时只需将全局阈值的图像 f1 与图像 f2 和 f3 去交集,得到二值图像 f4 = f1 & f2 & f3,既能有效地区分裂隙和背景,又能去除局部阈值造成的伪影,二值化效果如图 2-8 所示。

图 2-8   二值图像 f4

2.3.3.2   杂点的去除

图像二值化完成之后,首先通过找到极少数的大杂点,利用坐标定位将其置零。处理完毕之后还需去除在背景区域存在全分布的细小杂点。本书将采取标注连接分量的方法将这些杂点去除,具体方法如下:

(1)标注连接分量

在数字图像处理中,一个坐标为(x, y)的像素p有两个水平和两个垂直的相邻像素,它们的坐标分别为$(x+1,y),(x-1,y),(x,y+1)$和$(x,y-1)$。p的这4个相邻像素的几何记为$N_4(p)$。p的4个对角线相邻像素的坐标分别为$(x+1,y+1),(x+1,y-1),(x-1,y+1)$和$(x-1,y-1)$,它们被记为$N_D(p)$。$N_4(p)$和$N_D(p)$的并集是$p$的8个相邻像素,记为$N_8(p)$。

若$q\in N_4(p)$,则像素p和q称为4邻接。同样,若$q\in N_8(p)$,则p和q称为8邻接。像素点p_1和p_n之间的一条路径是一系列像素$p_1,p_2,\cdots,p_n$,其中p_k和p_{k+1}相邻,$1\leqslant k\leqslant n$。一条路径可以是4连接,也可以是8连接,具体取决于所用邻接的定义。

若在前景像素p和q之间存在一条完全由前景像素组成的4连接路径,则这两个前景像素称为4连接。若它们之间存在一条8连接路径,则称为8连接。将对于任意前景像素p与其相连的所有前景像素的集合称为包含p的连接分量。连接分量的性质取决于所选的邻接方式,图2-9(a)、(b)说明了邻接方式对确定图像中连接分量的数量的影响。图2-9(a)中包含四个4连接分量,图2-9(b)显示了选择8邻接可将连接分量的数量减少为两个。

IPT库函数bwlabel可用于计算一幅二值图像中所有连接分量。调用语法为:

$$[L,num] = bwlabel(f,conn)$$

其中,f是一幅输入二值图像,conn是用于指定期望的连接(不是4就是8)。输出L称为标记矩阵,参数num给出所找到的连接分量的总数。图2-9(c)显示了与图2-9(a)相对应的标记矩阵,该矩阵是使用函数bwlabel(f,4)计算得到的。每个不同连接分量中的像素被分配给一个唯一的整数,该整数的范围是从1到连接分量的总数num。换言之,标记值为1的像素属于第一个连接分量,标记值为2的像素属于第二个连接分量,以此类推。背景像素标记为0。图2-9(d)显示了与图2-9(b)相对应的标记矩阵,该矩阵是用函数bwlabel(f,8)计算得到的。

(2)去除小杂点

本书二值图像标注连接分量时,参数conn使用默认值8,即采用8连接。标注完成之后调用IPT函数regionprops计算各连接分量的面积。调用语法为:

$$STATS = regionprops(L,properties)$$

返回值STATS是一个长度为$\max[L(:)]$的结构数组,结构数组的相应域定义了每一个区域相应属性下的度量。properties代表区域相应属性,如果properties没有指定或者等于"basic",则属性"Area""BoundingBox"和"Centroid"将被计算。其中"Area"为图像各个区域中像素总个数,"BoundingBox"为包含相应区域的最小矩形,"Centroid"为每个区域的质心(重心)。

如图2-10(a)所示,全局分布的细小杂点的面积要远远小于裂隙的面积,故设

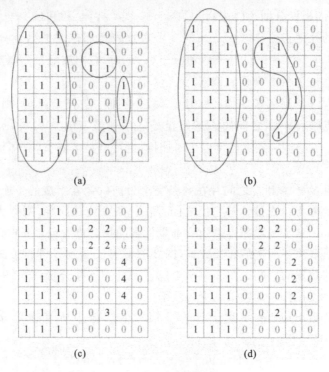

图 2-9 连接分量

(a)四个 4 连接分量;(b)两个 8 连接分量;

(c)使用 4 连接得到的标记矩阵;(d)使用 8 连接得到的标记矩阵

置一个适当的面积阈值,能够将杂点有效去除。面积阈值的选择根据裂隙的面积和最大杂点的面积来选择,可反复试验几次以得到最佳面积阈值。通过面积阈值去杂的效果如图 2-10(b)所示。

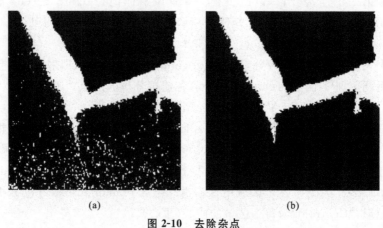

图 2-10 去除杂点

(a)去杂前;(b)去杂后

2.3.3.3 裂隙的桥接

由于裂隙中可能存在碎土块或者光照不均等,二值化操作之后,原本是连续的裂隙可能会存在一些孔洞或者间断,如图 2-11(a)所示,这种情况需要对裂隙进行桥接。此处用到的是形态学图像处理里面的闭运算,连接狭窄的缺口,填充比结构元素小的孔洞。对图 2-11(a)进行闭运算之后的效果如图 2-11(b)所示。到此,裂隙图像处理完毕。

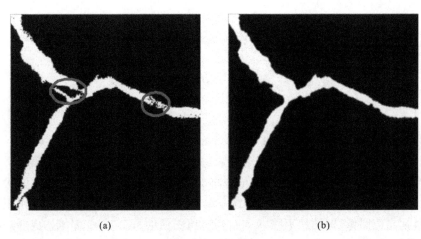

(a)   (b)

图 2-11　裂隙桥接

(a)闭运算前;(b)闭运算后

2.3.4　膨胀土平面裂隙特征提取

(1)裂隙主干的提取

在二值图像中,骨架可以通过中间轴变换来加以定义。一个边框为 b 的区域 R 的骨架描述如下:对于 R 中的每个点 p,寻找 b 中的最近邻点。若 p 比这样的近邻点大,则我们称 p 属于 R 的中间轴即骨架。目前,二值图像骨架化有许多算法,但由于某些区域宽度的影响,会在该区域产生一些伪分支,即所谓的毛刺,如图 2-12(b)所示。这些毛刺会影响最终的分析结果,需要通过修剪去除这些毛刺[11-13],得到真正的裂隙主干,如图 2-12(c)所示,具体去毛刺方法见下文。

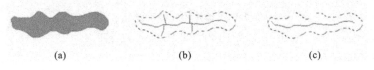

(a)   (b)   (c)

图 2-12　裂隙骨架提取

（2）裂隙节点的识别

节点识别是基于裂隙主干图像来进行的，主要包括端点和交点的识别，较快的方法是使用查找表（LUT）。这种方法[14]是预先计算出每个可能邻域形状的像素值，然后把这些值存储到一个表中。要使用查找表，必须为每个可能的形状分配一个唯一的索引。可使用二值图像中每个 3×3 的形状与下面的矩阵 A 相乘：

$$\begin{matrix} 1 & 8 & 64 \\ 2 & 16 & 128 \\ 4 & 32 & 256 \end{matrix}$$

然后把所有的乘积加起来。该过程为 3×3 邻域形状在[0,511]中分配一个唯一的值。如分配给邻域

$$\begin{matrix} 1 & 1 & 0 \\ 1 & 0 & 1 \\ 1 & 0 & 1 \end{matrix}$$

的值为 $1(1)+2(1)+4(1)+8(1)+16(0)+32(0)+64(0)+128(1)+256(1)=399$，其中，积中第一个数字是来自矩阵 A 的系数，括号中的数字是像素值。

当需要进行端点识别时，只需预先将 3×3 邻域中所有可能的端点形状列出来，然后将其与上述矩阵 A 相乘，得到一个对应端点的查找表 b1。然后用矩阵 A 遍历目标二值图像，即使用矩阵 A 与目标二值图像的每个 3×3 邻域构成的矩阵相乘，如果得到的乘积与查找表中的某一个值相等，则定义该 3×3 邻域的中心点为端点。在二值图像中，可能是端点的 3×3 邻域形状只有 8 种，现列举如下（图 2-13）。将矩阵 A 与以下 8 个矩阵相乘得到查找表 b1：

1 0 0	0 1 0	0 0 1	0 0 0
0 1 0	0 1 0	0 1 0	0 1 1
0 0 0	0 0 0	0 0 0	0 0 0
(a)	(b)	(c)	(d)

0 0 0	0 0 0	0 0 0	0 0 0
0 1 0	0 1 0	0 1 0	1 1 0
0 0 1	0 1 0	1 0 0	0 0 0
(e)	(f)	(g)	(h)

图 2-13　端点的 8 种可能形状

$$b1=\begin{bmatrix} 17 & 18 & 20 & 24 & 48 & 80 & 144 & 272 \end{bmatrix}$$

同理可得到对应交点的查找表 b2：

b2=［58 85 113 114 115 117 122 149 154 156 157 158 177 178 179 181 184

185 186 188 189 213 241 242 243 245 277 282 284 285 286 314 337 338 339 340 341 342 346 348 350 369 370 371 378 405 410 412 413 414]

图 2-14(a)为一幅含有形态学骨骼的二值图像,现利用查找表来识别该图像的端点和交点,效果如图 2-14(b)、(c)所示。

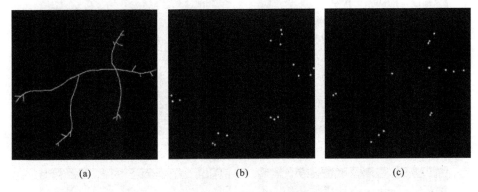

(a)　　　　　　　　　　(b)　　　　　　　　　　(c)

图 2-14　端点和交点的识别

(a)骨骼图像;(b)端点;(c)交点

(3)毛刺的去除

本书采用 IPT 函数 bwmorph 来生成二值图像的骨架。调用语法为:

$$S=bwmorph(B,'skel',Inf)$$

该函数会删除对象的边界上的像素,但不允许对象断开,剩下的像素则构成了图像的骨骼。骨架化之后产生的一些毛刺,需要将其去除,以免影响最终分析结果。

图 2-15(a)为一幅 X 形的二值图像,现通过上文提到的骨架算法提取图像骨架,如图 2-15(b)所示,可见在主干上存在一些细小的毛刺分支。一般去除此种分支的方法是采取端点识别,然后将端点删除,通过若干次端点删除,即可实现清除毛刺的效果,如图 2-15(c)所示。然而这样在进行端点识别并删除端点时,不仅将毛刺部分删除,主干部分也会产生损失。如图 2-15(a)中红色圆圈标记的部分属于主干部分,在图 2-15(c)中已经被删除,这样同样会影响最终的分析结果。

本书对端点选取的方法进行了一定的改进。先进行第一次的端点识别,获得第一批的端点,将其存储在一幅新的空白图像 f 中,然后依次进行后续的端点识别,每次识别完成之后,都将获得的端点存储在 f 中。若干次之后,图像 f 中就会存在一些细枝,如图 2-15(d)所示,长度最大的断枝和端点识别次数相等。识别次数根据毛刺的长度来进行设置,只要识别次数大于最大的毛刺长度即可。这样只需要对图 2-15(d)中的细枝进行长度判断,小于识别次数的即为毛刺,将其去除,剩下的即为误删的主干部分,如图 2-15(e)所示,只需将其与图 2-15(c)去并集,即可得到较为理想的骨架,如图 2-15(f)所示。

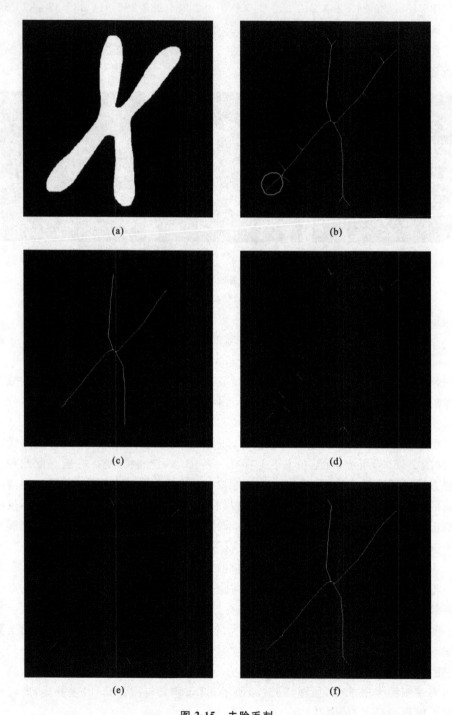

图 2-15　去除毛刺

(a)"X"形二值图像；(b)骨架化；(c)一般去毛刺；(d)细枝；(e)长度判断；(f)最终裂隙骨架

(4)裂隙连通性统计

裂隙二值图像通过骨架化运算之后,采用节点识别,可以得到裂隙网络交点数 N_1 和端点数 N_2。在裂隙网络中,交点是裂隙连通的地方,而端点是裂隙闭合的地方。通过交点数 N_1 和端点数 N_2 可以定义裂隙网络的连通性 K:

$$K = N_1/(N_1 + N_2) \qquad (2\text{-}8)$$

该公式中 K 的取值范围是 $0 \leqslant K \leqslant 1$,当 K 等于 0 时,表明交点数 N_1 为 0,裂隙均为孤立,没有相互交叉。当 K 接近 1 时,表明绝大部分的裂隙相互连接形成裂隙网络。K 值越大,裂隙网络连通性就越好,导水性能越高,土体强度越低。

(5)裂隙长度及条数统计

在裂隙主干图像中,通过累积图像中的像素总数来获得裂隙的总长度。在裂隙主干交点处将裂隙网络断开,即可得到全部孤立的裂隙。统计裂隙条数时,将每条孤立的裂隙都记为一条。利用连通分量来对孤立的裂隙进行标注,获得的连通分量个数即为裂隙的条数,通过区域属性统计,可以获得单条裂隙的长度。

(6)裂隙方向统计

本书将裂隙主轴与 x 轴的夹角作为裂隙的方向,以此为基础统计裂隙的优势走向以及整体发育方向。求物体主轴的具体方法如下:

①如图 2-16 所示,建立坐标系,根据物体的一阶矩求得物体的形心坐标:

$$\overline{x} = \frac{\int_A x \, \mathrm{d}A}{A} = \frac{s_y}{A}, \quad \overline{y} = \frac{\int_A y \, \mathrm{d}A}{A} = \frac{s_x}{A} \qquad (2\text{-}9)$$

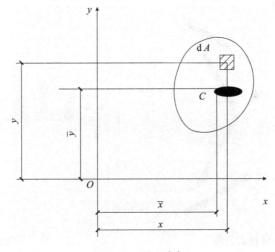

图 2-16　形心坐标

②求得物体的惯性轴和惯性矩：

$$I_y = \int_A x^2 \, \mathrm{d}A, \quad I_x = \int_A y^2 \, \mathrm{d}A, \quad I_{xy} = \int_A xy \, \mathrm{d}A \qquad (2\text{-}10)$$

③建立形心坐标系,当坐标轴转动角度 α 时,根据转轴公式可得：

$$I_{x_1} = \frac{I_x + I_y}{2} + \frac{I_x - I_y}{2}\cos(2\alpha) - I_{xy}\sin(2\alpha)$$

$$I_{y_1} = \frac{I_x + I_y}{2} - \frac{I_x - I_y}{2}\cos(2\alpha) + I_{xy}\sin(2\alpha) \qquad (2\text{-}11)$$

$$I_{x_1 y_1} = \frac{I_x - I_y}{2}\sin(2\alpha) + I_{xy}\cos(2\alpha)$$

④当坐标轴转动到主轴方向,转动角度 α_0,根据主轴定义,此时惯性积 $I_{x_1 y_1} = 0$,于是有：

$$\frac{I_x - I_y}{2}\sin(2\alpha_0) + I_{xy}\cos(2\alpha_0) = 0 \qquad (2\text{-}12)$$

经整理可得：

$$\tan(2\alpha_0) = \frac{-2I_{xy}}{I_x - I_y} \qquad (2\text{-}13)$$

由此可求得主轴与 x 轴之间的夹角 α_0。

⑤算法验证:图 2-17 中 8 条线段的倾角分别是 $0°$、$30°$、$45°$、$60°$、$90°$、$-60°$、$-45°$、$-30°$。利用上述算法对图中线段倾角进行统计,结果如图 2-18 所示。由图 2-18 可见,所求的倾角与实际非常接近,能够满足分析的要求。

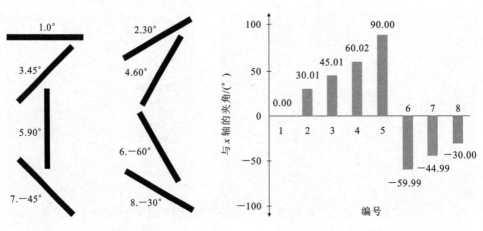

图 2-17　不同倾角的线段　　　　　图 2-18　倾角统计

（7）裂隙宽度统计

裂隙宽度统计的方法主要有等面积圆算法、等面积椭圆算法和外接矩形算法。

等面积圆算法首先计算出裂隙区域的面积,然后假设有一个和裂隙等面积的圆,将该圆的直径作为裂隙的宽度,该方法易于应用,但计算精度不高,且不能反映裂隙的形状信息。等面积椭圆算法同样先计算裂隙的面积,然后找出与该区域有相同的零阶矩、一阶矩和二阶矩的椭圆,将椭圆的短轴作为裂隙的宽度,当裂隙呈椭圆状时,采用该方法精度较高,而当形状呈非椭圆状时,计算误差比较大。

当计算精度要求较高时,一般采用外接矩形算法对裂隙宽度进行计算。其原理为:在物体图像的任意一边任取一点,经过这个点作图像的切线。取与该切线平行的直线,使其与图像的另一侧相切,然后根据物体尺寸确定一个矩形。经过多次作外接矩形之后,选取长度值最大的矩形的长度作为物体的长度,宽度值最小的矩形的宽度作为物体的宽度,如图 2-19 所示。该方法需要进行多次的取值和比较,较为烦琐。

本书采用改进的外接矩形算法,先求得与物体具有相同标准二阶中心矩的椭圆,该椭圆的主方向即为物体的主轴方向。以此为基础来确定物体唯一的外接矩形,并将其宽度作为物体的宽度,如图 2-20 所示。

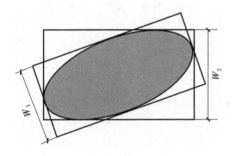 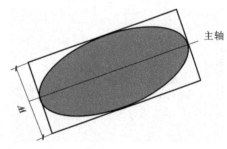

图 2-19　一般外接矩形法测量宽度　　　图 2-20　改进的外接矩形算法

为验证上述方法的可行性,在 Photoshop 中利用画笔工具画出六条宽度值为 20 像素的曲线,如图 2-21 所示,分别采用等面积圆算法、等面积椭圆算法和改进的最小外接矩形算法对其进行宽度统计。由于裂隙发育与曲线类似,存在多处弯曲部位,如对单条裂隙使用以上算法,必然会造成较大的误差,故在宽度统计之前,首先确定曲线的主轴方向,得到主轴与 x 轴的夹角 α,然后将曲线顺时针旋转 α,使曲线主轴与 x 轴平行。然后将曲线分成等距的若干段,分段统计其宽度,最终取平均值来获得曲线的宽度,以此来减小因弯曲带来的误差,曲线分段的大小应比初步估计的曲线最大宽度要大。对图 2-21 中各曲线采用分段进行外接矩形宽度统计的效果如图 2-22 所示。

整个二值图像像素点为 500×500,分辨率为 72dpi,即图像中 1 像素约代表 0.035cm。使用以上三种算法进行分段宽度统计,结果如图 2-23 所示。由图 2-23 可见,使用等面积圆算法计算误差较大,各段曲线的宽度在 $25 \sim 32$ 像素之间。使用等面积椭圆算法误差次之,各曲线宽度在 22～24 像素之间。而采用改进的最小外接矩形算法精度最高,各曲线宽度基本都在 20～22 像素之间。图 2-24 显示了各曲线的平均宽度,使用改进的最小外接矩形算法得到的曲线宽度最小值为20.87像素,最大值为 21.51 像素,最大误差约为 1.5 个像素,约 0.5mm,基本能够满足精度的要求。

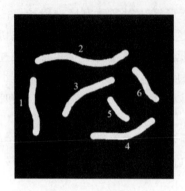

图 2-21　试验曲线　　　　　图 2-22　最小外接矩形宽度统计效果图

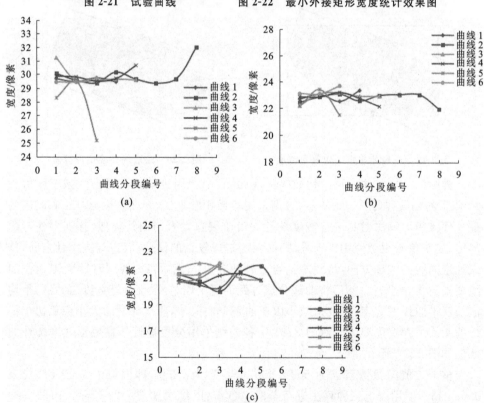

(a)

(b)

(c)

图 2-23　不同算法分段宽度统计

(a)等面积圆算法;(b)等面积椭圆算法;(c)改进的最小外接矩形算法

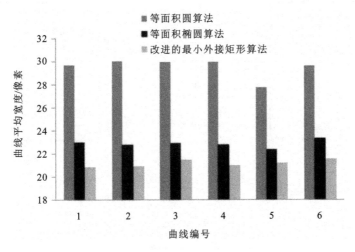

图 2-24　各曲线平均宽度

（8）裂隙率统计

膨胀土裂隙可用影响其工程力学性质的走向、倾角、宽度、深度、长度以及间距等主要几何要素来度量。为了综合反映裂隙的分布特征，通常采用裂隙率作为裂隙度量分析指标。前人已经提出采用裂隙面积率、裂隙长宽比及裂隙灰度熵等来定义裂隙率，如下所示：

$$\delta_f = \frac{\sum_{i=1}^{n} A_i}{A}, \quad \delta_f = \frac{n_d}{A}, \quad \delta_f = \frac{\overline{A_d}}{A}, \quad \delta_f = \frac{\sum_{i=1}^{n} l_i}{A}, \quad \delta_f = \frac{\overline{l}}{\overline{d}}, \quad \delta_f = \sum_{i=0}^{N-1} P_i \log_2 P_i$$

(2-14)

式中：δ_f 为裂隙率，A 为试样面积，A_i 为第 i 条裂隙的面积，n_d 为裂隙将土体分割后的小块的数目，$\overline{A_d}$ 为裂隙将土体分割后的小块土体的平均面积，l_i 为第 i 条裂隙的长度，$\overline{l}$ 为裂隙的平均长度，$\overline{d}$ 为裂隙的平均宽度，N 为 256，P_i 为第 i 级灰度出现的频率。

收缩在广义上也属于裂隙的范畴，可当作产生在边界上的裂隙。而以上裂隙率的计算过程中均没有考虑开裂过程中的土体收缩。本书建立同时考虑收缩和开裂的裂隙率计算公式。由裂隙面积与总面积之比计算得到的裂隙率为 δ_{f1}，如图 2-25（b）所示；收缩的面积与总面积之比即收缩率为 δ_{f2}，其中，记 A_1 为收缩部分的面积，如图 2-25（c）所示；改进裂隙率 δ_f 为两者之和，记为总裂隙率，如图 2-25（a）所示。

由此可以得到考虑收缩和开裂两种效应的裂隙率表达式：

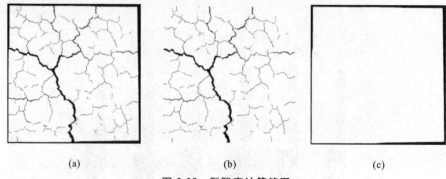

图 2-25　裂隙率计算简图

(a)总裂隙率 δ_f；(b)裂隙率 δ_{f1}；(c)收缩率 δ_{f2}

$$\delta_{f1} = \frac{\sum_{i=1}^{n} A_i}{A}$$

$$\delta_{f2} = \frac{A_1}{A}$$

$$\delta_f = \delta_{f1} + \delta_{f2} = \frac{\sum_{i=1}^{n} A_i + A_1}{A} \qquad (2\text{-}15)$$

(9)裂隙图像处理及特征分析方法实例验证

①样品制备。

称量 5kg 的风干,磨碎,过 2mm 网筛的膨胀土样置于 15cm×15cm×12cm 的玻璃缸中,向缸中加适量的水,使土样呈现泥浆状,充分搅拌后静置 24h。待土颗粒均匀沉降之后,用洗耳球吸走表面积的水。将土样置于约 30℃ 的烘房中,让其干燥脱湿,并定时拍摄土体表面裂隙扩展图像,选取其中一幅图像进行特征提取,如图 2-26(a)所示。

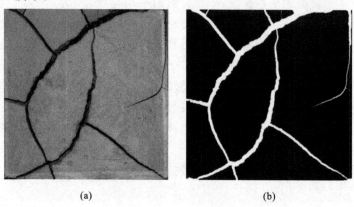

图 2-26　裂隙特征提取

(a)裂隙平面图像；(b)裂隙二值图像

②裂隙特征提取。

利用上文所述方法,将裂隙图像进行二值化,去杂及桥接,获得的二值图像如图 2-26(b)所示。然后通过骨架化、去毛刺等操作得到裂隙骨架,在此基础上获取裂隙长度、节点数等参数,然后利用主轴算法及外接矩形法获取裂隙方向及宽度参数,最后求得裂隙率。通过图像处理方法获得的裂隙条数、交点和端点数与人工量测的一致,采用图像处理法求得的裂隙总长度为 8381 像素,换算为实际长度是 66.17cm,裂隙最大宽度为 78 像素,即 6.16mm,人工量测的裂隙总长度为 67.15cm,最大宽度为 6mm。裂隙总长度的误差在 1cm 以内,最大宽度的误差在 0.2mm 以内,精度基本能够满足要求。

总之,一幅图像可以被定义为一个二维函数 $f(x,y)$,其中 x 和 y 是空间(平面)坐标,f 在任何坐标点 (x,y) 处的振幅称为图像在该点的亮度。灰度是用来表示黑白图像亮度的一个术语,而彩色图像是由单个二维图像组合形成的。例如,在 RGB 彩色系统中,一幅彩色图像是由三幅独立的分量图像(红、绿、蓝)组成的。因此,许多黑白图像处理技术适用于彩色图像处理,方法是分别处理三幅独立的分量图像。图像关于 x 和 y 坐标及振幅连续。要将这样的一幅图像转换成数字形式,就要求数字化坐标和振幅。将坐标值数字化称为取样,将振幅数字化称为量化。因此,当 f 的 x,y 分量和振幅都是有限且离散的量时,称该图像为数字图像。本书图像处理过程中主要涉及彩色图像、灰度图像及二值图像三种图像类型。彩色图像即为真彩色图像,其在 MATLAB 中的存储格式为 $m \times n \times 3$ 的数据矩阵,而数组中的元素值定义了图像中每个像素的红、绿、蓝颜色值。每个像素的颜色由保存在此像素网格中的红、绿、蓝灰度值的组合确定。RGB 图像的存储图形文件格式为 24 位的图像,其中红、绿、蓝分别占到 8 位,即可构成 1000 多万种的颜色(2^{24} = 16777216)。在 RGB 图像的双精度型数组中,每一种颜色均由 0~1 之间的数值表示。灰度图像在 MATLAB 中被存储为一个单一的数据矩阵,而矩阵中的数据均代表了一定值域范围内的颜色灰度值,同时也代表了图像中的像素。矩阵取值范围为 $[0,255]$ 的 8 位无符号整型数据(unit 8)。若数据为双精度浮点型(double),则矩阵元素的取值范围为 $[0,1]$。二值图像是一个取值只有 0 和 1 的逻辑数组。这两个可取的值分别对应关闭和打开,关闭表征该像素处于背景,而打开表征该像素处于前景。以这种方式来操作图像可以更容易地识别出图像的结构特征。

用数码相机获得的照片必须经过处理,才可以得出试验数据,数字图像处理的主要过程如下:①图像的裁剪:利用图像处理工具 Photoshop 软件将真彩色图像中除裂隙和土体之外的部分全部裁掉,并根据需要进行尺寸上的调整。②图像的灰度化:获得的图像为真彩色 JPG 文件,直接从真彩色图像中提取有效裂隙信息非常困难,不仅工作量非常大,而且精度也很低。因此,需要将真彩色图像转化为灰度图像。③灰度图像二值化：为了对裂隙有直观的认识，易于提取裂隙的有效信息，在处理裂隙图片过程中，图像中最好只出现两种像素，一类代表裂隙，另一类代表除裂隙之外的图像。因此，必须将灰度图像转化为二值图像。④二值图像的平滑处理：裂隙图片在由真彩色图像转化至二值图像的过程中，难免会受到外界环境、系统性能和人为因素等的影响，使得最后的二值图像出现误差。例如一些没有发育裂隙的地方，也可能转化为代表裂隙的像素。这类误差在图像处理中称为噪声干扰。它使得图像变质，影响图像的质量。应对噪声进行及时处理，否则对后续的处理过程及输出结果产生影响，甚至得出关于裂隙的错误结论。⑤像素统计：在二值图像中只有黑白两种像素，因此很方便统计出黑白像素的数目。其中黑像素代表裂隙，而白像素则代表土体，像素之和就代表图片面积。⑥裂隙率计算：本书主要提取裂隙率，裂隙率定义为裂隙面积占未开裂前土体面积之比（在此不单独考虑土体边沿的收缩，这一部分也计入裂隙），在图像上就表现为：$P=$ 黑色像素数目/总像素数目。

2.4　试样均匀性对裂隙发育的影响

为研究试样的均匀性对南阳膨胀土裂隙发育的影响，通过控制试样最大颗粒按以下方法制作两种不同的土样：第一份土样取风干后过 5mm 网筛的土，第二份土样取过风干后过 2mm 网筛的土。将两份土样分别置于不同的容器中，加入足量的水浸泡，在浸泡过程中经常搅拌，时间持续约一周，目的是让膨胀土充分吸水膨胀。

上述工序完成后，将两份土样分别放置于制好的尺寸为 260mm×260mm×24mm 的两个截面为正方形的玻璃容器中，将表面刮平。将两个装满土的玻璃容器放在室内（室温保持 25℃左右），观察其裂隙的发育规律（图 2-27）。

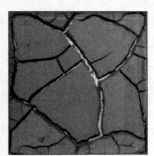

图 2-27　初始状态及裂隙发育稳定土样实图

图 2-28 和图 2-29 分别是这两种土样的裂隙发育形态,可以看出,两种土样的发育规律有相似性,但也存在很大差异。

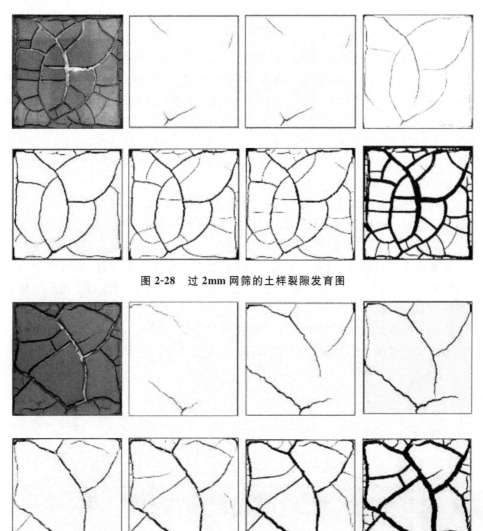

图 2-28　过 2mm 网筛的土样裂隙发育图

图 2-29　过 5mm 网筛的土样裂隙发育图

两种土样总的裂隙发育规律相似,主裂隙在容器一边中点和两个角点开始发生、发展、连通,将土样分成几块,此时次要裂隙才开始发育,次要裂隙形态主要以短直线为主,由开始的微小裂隙发展,最终将主裂隙分隔成的块体进一步分隔成小块。裂隙的发育不是无限发展,而是存在一个极限,图 2-28 和图 2-29 中最后一个图是两种土样在室温条件下发育的最终稳定裂隙形态。

观察第一组膨胀土试件表面裂隙的扩展过程,表面裂隙的扩展始于土料边缘与边角部分(最多为三个边角),表面裂隙由四周向中心区域延伸、扩展。主要裂隙发育形成的连接网将土样分割为几大部分区域,在主要裂隙继续发育的同时,次要裂隙也不断生成、发育,主要裂隙的形态为曲线,中心分割区域近似为笛卡儿叶形线;次要裂隙的形态为直线与曲线的混合型。观察第二组膨胀土试件表面裂隙的发展过程,表面裂隙的发育始于边缘部分,主要从边缘中部和各个边角(最多为两个边角)开始生成,并向土样中部和边缘部分延伸发展。生成的主要裂隙在扩展发育时的形态以不规则曲线为主,并逐渐相互延伸连接成主要裂隙网络,土样表面裂隙的主要裂隙网络将土样分成明显的 12 个大区域。形成各大区域的同时,次要裂隙也在生成。次要裂隙主要依附于主要裂隙与土样边缘区域,以"枝干"的形式扩展延伸,次要裂隙形态多为折线。

两种土样裂隙发育主要不同点在于主裂隙发育曲线形态不同,过 2mm 网筛的土样主裂隙形成的曲线近似椭圆曲线,而过 5mm 网筛的土样主裂隙形成的曲线形态表现为折线。也就是说,制备土样的土越均匀,其形成的裂隙形态曲线(裂隙扩展在平面内形成的曲线)越接近光滑曲线,其形态越接近椭圆。过 5mm 网筛的土样最终裂隙分隔成的小土块棱角分明,与过 2mm 网筛的土样最终形成的小土块有明显区别。

将第一组膨胀土试件与第二组膨胀土试件图片处理所得数据导入 Excel 中,输出两组试件膨胀土表面裂隙特征量的折线图,如图 2-30 所示。

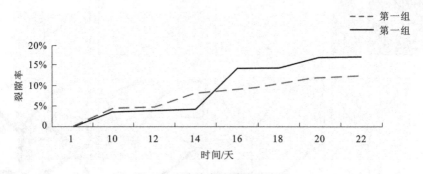

图 2-30　试件表面裂隙裂隙率

第一组膨胀土试件表面裂隙的增长趋势较为稳定,在第 1 天至第 10 天膨胀土演化发育时期内,表面裂隙快速扩展;第 10 天至第 12 天发育时间段内,裂隙扩展速度趋于平缓;第 12 天至第 14 天演化时间内,表面裂隙扩展速度再次快速增加;第 14 天至第 20 天时间段内,裂隙率仍在增长,增长速率呈现曲线变化;第 20 天以后,裂隙率增长速率变得缓慢,表面裂隙扩展趋于稳定。第二组膨胀土试件裂隙率在各个时期内的增长趋势与第一组膨胀土试件相比更为明显,在第 1 天至第 10 天膨胀土扩展期间内,表面裂隙增长速度较快,但整体上裂隙率的增长值比第一组膨胀土试件要小;第 10 天至第 14 天,裂隙率扩展速度较为缓慢,该时期内的增长趋势变得平缓;第 14 天至第 16 天时期内,裂隙率再次呈现快速增长的趋势;在第 15 天时,裂隙率值已经超过第一组膨胀土试件同时期内的裂隙率值;第 16 天之后,表面裂隙裂隙率不再出现快速增长的状态。

第一组膨胀土试件表面裂隙总长度的增长趋势整体上较为平缓,第二组膨胀土试件表面裂隙总长度的增长趋势变化较大,如图 2-31 所示。在第 10 天之前,两组试件的裂隙总长度均呈现快速增长的趋势,第一组膨胀土试件的裂隙总长度值大于第二组膨胀土试件裂隙总长度值;第 10 天之后,第一组试件表面裂隙总长度的增长趋势与其裂隙率的增长趋势不同,裂隙总长度的增长趋势一直较为平缓,没有出现快速变化的阶段,而第二组膨胀土试件裂隙总长度的变化趋势与其裂隙率的增长趋势大致相同,均存在快速变化的阶段。同时,在第 15 天左右,过 2mm 网筛的第二组膨胀土试件裂隙总长度值超过过 6mm 网筛的第一组膨胀土试件裂隙总长度值。

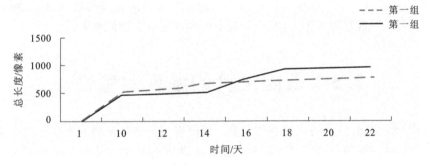

图 2-31　试件表面裂隙总长度

表面裂隙平均宽度的变化趋势分别与各自的表面裂隙裂隙率的变化趋势相似,如图 2-32 所示。在此不做重复叙述。

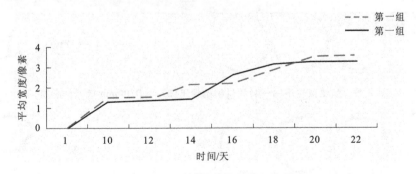

图 2-32　两组试件表面裂隙平均宽度

综上所述,两组膨胀土试件表面裂隙扩展过程具有相同点和不同点,相同点为:表面裂隙的产生均始于土样边缘与边角部分,扩展均由四周向中心区域进行;均先产生主要裂隙,后产生次要裂隙,并且次要裂隙主要依附于主要裂隙生成;主要裂隙发育形成连接网络,将土样分割成大小不等的主要区域;表面裂隙扩展至一定程度后达到稳定状态;达到稳定状态后,表面裂隙平均宽度数值相差不大。不同点是:过 5mm 网筛的膨胀土试件的主要裂隙形态以不规则曲线为主,过 2mm 网筛的膨胀土试件的主要裂隙形态为曲线,中心划分区域近似为笛卡儿叶形线;过 2mm 网筛的膨胀土试件产生的表面裂隙条数比过 5mm 网筛的膨胀土试件产生的表面裂隙条数多;过 2mm 网筛的膨胀土试件产生的表面裂隙曲线的光滑度比过 5mm 网筛的膨胀土试件产生的表面裂隙曲线的光滑度好;过 2mm 网筛的膨胀土试件主要裂隙划分形成的连接网络中的小区域较规整,过 5mm 网筛的膨胀土试件主要裂隙划分形成的连接网络中的小区域较杂乱;达到稳定状态后,过 2mm 网筛的膨胀土试件表面裂隙裂隙率 L、总长度 C 的数值均比过 5mm 网筛的膨胀土试件表面裂隙裂隙率 L、总长度 C 的数值大。在膨胀土表面裂隙扩展演化的过程中,均匀性好的膨胀土裂隙扩展程度比均匀性差的膨胀土裂隙扩展程度深,即达到稳定状态后,均匀性越好的膨胀土,其表面裂隙的各特征参数数值越大。

2.5　裂隙发育的温度敏感性

膨胀土裂隙的发育与温度密切相关。为研究南阳膨胀土裂隙发育的温度敏感性,按前述章节中的制样方式,制备过 2mm 网筛的土样,将制备后的土样装入两组高度为 20mm,直径分别为 100mm、79.8mm、61.8mm、50.5mm、20mm 的环刀中,其中一组放置于室温条件下,一组置于烘箱中(105℃),隔一定时间进行拍照。图 2-33～图 2-37 为处理后的裂隙图片。

图 2-33　室温条件下(1～4)和烘箱条件下(5～8)$D100mm$ 环刀样裂隙

图 2-34　室温条件下(1～4)和烘箱条件下(5～8)$D79.8mm$ 环刀样裂隙

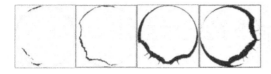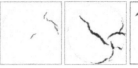

图 2-35　室温条件下(1～4)和烘箱条件下(5～7)D61.8mm 环刀样裂隙

图 2-36　室温条件下(1～4)和烘箱条件下(5～8)D50.5mm 环刀样裂隙

图 2-37　室温条件下(1～4)和烘箱条件下(5～8)D20mm 环刀样裂隙

烘箱中的土样失水很快,出现裂隙的时间很短,裂隙发育快速,裂隙的发生主要在环刀中间,中间开始出现微小裂隙,然后快速发育,直至边缘。

在试验过程中观察到边缘的土快速下沉,中间的土在裂隙发育初期比边缘土高很多,但是随着裂隙的发育,高度下降,到试验结束时即裂隙发育基本稳定时,其高度降至与边缘的土高度相同。

室温条件下的土样裂隙开始发育到发育完全持续时间很长,产生的裂隙主要在边缘,土样表面高度始终保持一致。

两组土样在各自的条件下裂隙发育形态各有其规律性,裂隙都是随着时间发展,直至达到稳定。

两组土样中 $D20mm$ 环刀样裂隙发育在试验过程中表现出与其他几种尺寸不同的裂隙发育形态:图 2-33～图 2-37 中室温条件下 $D20mm$ 环刀裂隙发育与其他几种尺寸的环刀样裂隙发育有明显区别,其裂隙发育是从中间开始,裂隙发育形态类似于烘箱条件下前四种尺寸裂隙发育形态;而在烘箱条件下 $D20mm$ 环刀样裂隙发育是从接近边缘开始,裂隙发育形态类似于室温条件下前四种尺寸裂隙发育形态。

2.6　裂隙发育的尺寸效应

将取回的膨胀土风干,磨碎,过 2mm 网筛,配制成含水量为 24.3% 的土,再加工成干密度 1.61g/cm³,高度为 20mm,直径分别为 100mm、79.8mm、61.8mm、50.5mm、20mm 的重塑环刀土样,进行抽真空饱和。

将制备好的饱和土样称量后放入烘箱中,烘箱温度为 105℃,每隔一段时间将土样取出称量、拍照,试验结束后对试验资料进行整理,以下是试验结果及结果分析。

试验过程中典型图片见图 2-38。

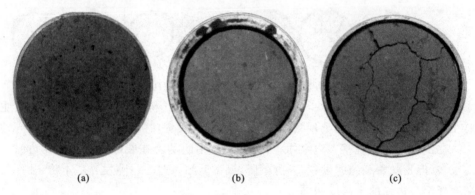

图 2-38　试验过程中典型图片

(a)试验前土样表面;(b)发生收缩的试样表面;(c)同时发生收缩及开裂的试样表面

(1)裂隙发育形态分析

图 2-39～图 2-42 分别是直径为 100mm、79.8mm、61.8mm、50.5mm 的重塑环刀土样表面在试验过程中裂隙发育形态,直径为 20mm 的重塑环刀土样表面在试验整个过程中未发生裂隙。

图 2-39、图 2-40 所示的在试验过程中土体裂隙发育规律相似,主裂隙首先在土样表面中部出现,近似椭圆形,随后主裂隙宽度扩展,伴随大量的次裂隙的发生、发展,然后主裂隙宽度开始减小,并开始均匀化,伴随次裂隙开始减少,最后大量次裂隙消失,而留下主裂隙及少量次裂隙,最终留下的裂隙宽度基本相同。即在裂隙发育过程中大体可以分为四个阶段:第一阶段,主裂隙的发生阶段;第二阶段,主裂隙扩展,次裂隙的发生、发展阶段;第三阶段,裂隙的消失及裂隙均匀化阶段,也可称之为裂隙的"自愈"阶段;第四阶段,裂隙稳定阶段,到了此阶段裂隙,基本不再发生变化。

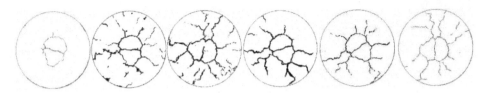

图 2-39　*D*100mm 重塑环刀土样表面裂隙发育形态

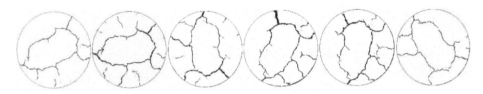

图 2-40　*D*78.9mm 重塑环刀土样表面裂隙发育形态

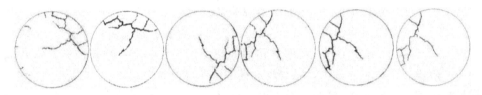

图 2-41　*D*61.8mm 重塑环刀土样表面裂隙发育形态

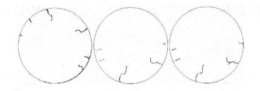

图 2-42　*D*50.5mm 重塑环刀土样表面裂隙发育形态

　　出现上述四个阶段的主要机理在于:初期土体的表面与环境中热空气直接接触,其脱湿速率明显要比土样下部快,同时由于黏性土渗透性差,下部水分不能及时迁移到表面,导致土体内形成了一个表面含水率低、下部含水率高的含水率梯度。表面土体失水开始收缩,而下部土体由于水分没有散失不会产生收缩,同时又进一步抑制表面土体的收缩。如此即会在土体表面形成一个拉应力,当该拉应力大于土体强度时,裂隙就开始产生。由于土体表面是均匀受压而成的,其土体表面强度近乎一致,故初始裂隙的形态为网状分布的细小裂隙。由于下部土体限制了收缩的产生,故初期裂隙率表现为迅速上升,而收缩几乎没有产生。

　　初始裂隙产生之后,为土体下部水分的迁移提供了通道,整体脱湿速率加快,土样开始出现收缩。在这期间,由于表面进一步失水,裂隙进一步扩展,主要表现在宽度的增加上,裂隙率也进一步增加,此阶段裂隙率和收缩率都表现为增加的趋势。

当土体表面的水分充分散失之后,表面裂隙发育基本趋于停止,土体收缩面积增加,这个阶段下部土体的收缩也将促进表面土体的收缩,原本发育的裂隙开始受到收缩带来的压应力,原本细小的裂隙受压开始出现闭合,较大裂隙的宽度也出现一定的降低。此阶段裂隙率由于细小裂隙的闭合以及大裂隙变窄呈现降低的趋势,而收缩面积一直增大。直至最后土样脱湿基本趋于停止,整体含水率趋于不变,裂隙率下降的速度与收缩率上升的速度基本一致,总裂隙率基本趋于稳定。

图 2-41、图 2-42 所示的在试验过程中的土样裂隙发育过程与图 2-39、图 2-40 所示的试验过程中土样裂隙发育过程有明显区别。图 2-41 主裂隙的发育靠近边缘,并且也不连通,而且是两条近似直线相交,但是也经历上述的四个阶段,即第一阶段,主裂隙的发生阶段;第二阶段,主裂隙宽度扩展,次裂隙的发生、发展阶段;第三阶段,裂隙的"自愈"阶段;第四阶段,裂隙稳定阶段。

图 2-42 中在边缘开始时出现了少量裂隙,随后开始减小,最后完全闭合。只经历了上述四个阶段中的两个,裂隙的发生阶段和裂隙的闭合即"自愈"阶段。从上述试验过程裂隙发育形态分析,可以发现裂隙发育具有很强的尺寸效应,试样尺寸越大,裂隙发育越多,越复杂,但有相同的裂隙发育规律——裂隙的发育有相同的四个阶段。试样尺寸越小,裂隙越少,曲线上裂隙发育阶段也会有所减少。当试样尺寸小到一定的时候,试样表面不出现裂隙。

(2)试样的绝对失水量

根据试验所得的数据,作出试样的绝对失水量曲线,见图 2-43 和图 2-44。

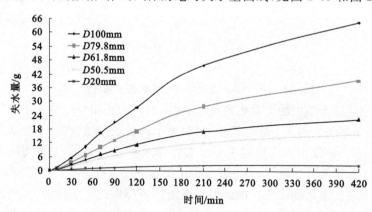

图 2-43　试样的绝对失水曲线

绝对失水量随时间增加最终趋于一个极限值,曲线表现为切线斜率不断减小,从图 2-43 和图 2-44 中可以看出试样的绝对失水量是在不断增加的,开始时曲线斜率大表明失水较快,其后曲线斜率降低,失水速度开始减缓,最后绝对失水量最终趋近恒定值,即试验开始时试样中总的含水量。

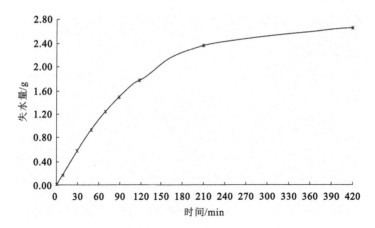

图 2-44　直径 D20mm 的土样绝对失水曲线

在图 2-45 土样失水率(每个阶段内试样绝对失水量与时间之比)曲线中可以看出:每个土样失水率曲线都是先增加,增加到一个峰值,失水率曲线出现明显的拐点,过了拐点后曲线开始下降即失水速率减小。同时可以看出,土样的直径越大,失水率越高。

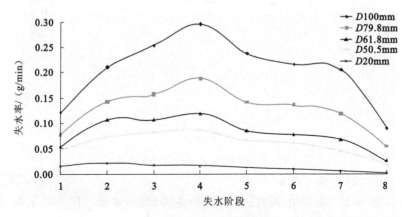

图 2-45　土样失水率曲线

(3)试样含水率变化

从图 2-46 土样含水率随时间变化曲线中可以看出:随着时间增加,土样含水率不断减小,直径大的土样含水率始终高于直径小的土样含水率;随着时间增加,土样的含水率都趋于平缓,含水率的变化曲线出现明显转折点。同时,不同直径土样初期含水率变化不同,直径越小的土样初期含水率变化越大。

从不同时刻土样直径与含水率曲线(图 2-47)中可以看出,直径越小的土样初期含水率变化越大,直径越大的土样初期含水率变化越小,表现出了明显的尺寸效应。图 2-46 中土样开始含水率相近,随着时间增加,不同直径土样含水率差异逐

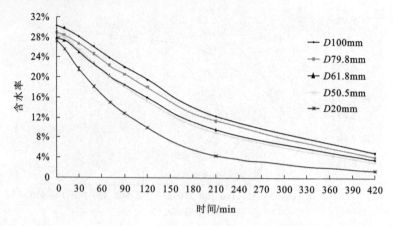

图 2-46　土样含水率随时间变化曲线

渐增大，120min 的时候不同直径土样含水率差异达到最大，到后期其含水率逐渐基本一致。

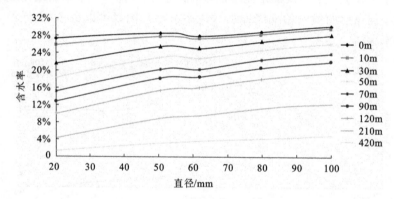

图 2-47　不同时刻土样直径与含水率曲线

（4）试样表面收缩与开裂

对试验中所拍的相片用 MATLAB 进行图像处理，得到不同直径土样在不同时刻表面收缩与裂隙发育数据，处理后结果见图 2-48。

从土样面收缩率（收缩面积与原面积之比）与时间关系曲线（图 2-48）中可以看出，不同直径土样的收缩规律相同，先缓慢增加，再加速收缩，收缩曲线上有明显转折点，该点以后收缩明显变缓，终了土样面收缩率趋于一定值，直径为 100mm、79.8mm、61.8mm、50.5mm、20mm 的土样对应的面收缩率分别为 12.41%、13.86%、14.88%、13.51%、13.43%，呈现随试样直径减小而增大随后又减小的趋势，但值相差不大，最大差值为 2.47%。

从不同时刻土样面收缩率与土样面积关系曲线（图 2-49）中可以看出，面积越小，初期收缩越大，最终收缩率趋于相同。直径小的土样初始面收缩率大，随后面

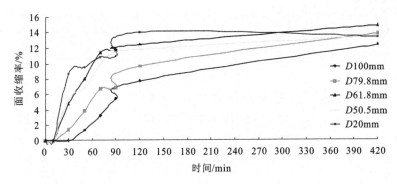

图 2-48　土样面收缩率与时间关系曲线

积收缩变缓,直径大的土样初始面收缩率低,随后面积收缩变快,试验进行到最后,所有土样的面收缩率接近一致,可以认为土样的最终面收缩率与土样的原面积无关,但是收缩过程与土样尺寸有关,即土样收缩过程有明显的尺寸效应。同时从图 2-50可知,土样不同时刻含水率与面收缩率关系曲线可以看出土样含水率变化与土样收缩相互对应,是一个统一的过程。

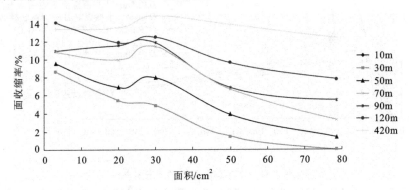

图 2-49　不同时刻土样面收缩率与土样面积关系曲线

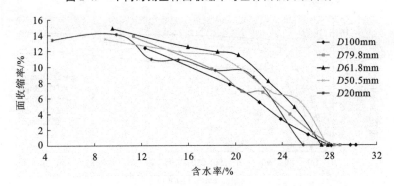

图 2-50　土样不同时刻面收缩率与含水率关系曲线

膨胀土裂隙可用影响其工程力学性质的走向、倾角、宽度、深度、长度以及间距等主要几何要素来度量。为了综合反映裂隙的分布特征和影响，通常采用裂隙率作为裂隙度量分析指标。本书采用裂隙面积率（裂隙的总面积与试样面积之比）进行分析。

土样裂隙率与时间关系曲线见图 2-51，图中曲线分别为直径 100mm、79.8mm、61.8mm、50.5mm 土样裂隙面积与收缩后土样面积之比随时间的变化曲线及直径 100mm、79.8mm、61.8mm、50.5mm 土样裂隙面积与初始土样面积之比随时间的变化曲线。直径为 20mm 的土样则未出现裂隙。从图 2-51 中可以看出，裂隙率先随时间的增加而增加，增加的幅度很大，当裂隙率增加到峰值以后，裂隙率开始减小，面积越大的土样，裂隙率峰值越高，但峰值过后裂隙率下降的速度也越快，面积越小的土样裂隙率也越小，其裂隙到最后能完全闭合，土样面积降到一定程度，土样表面不出现裂隙，只发生收缩。

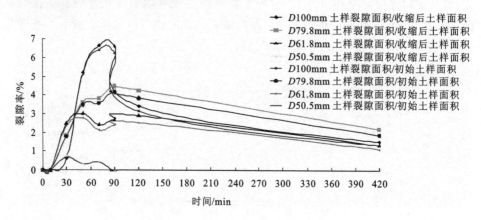

图例：
- D100mm 土样裂隙面积/收缩后土样面积
- D79.8mm 土样裂隙面积/收缩后土样面积
- D61.8mm 土样裂隙面积/收缩后土样面积
- D50.5mm 土样裂隙面积/收缩后土样面积
- D100mm 土样裂隙面积/初始土样面积
- D79.8mm 土样裂隙面积/初始土样面积
- D61.8mm 土样裂隙面积/初始土样面积
- D50.5mm 土样裂隙面积/初始土样面积

图 2-51　土样裂隙率与时间关系曲线

图 2-52 中，裂隙面积和收缩面积与总面积之比开始随时间变化不大（15min 之

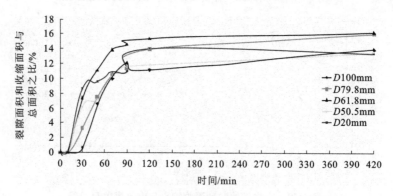

图例：
- D100mm
- D79.8mm
- D61.8mm
- D50.5mm
- D20mm

图 2-52　裂隙面积和收缩面积与总面积之比与时间关系曲线

内),后随着时间快速增加,在约 90min 时出现明显拐点,其后变化缓慢。终了时直径为 100mm、79.8mm、61.8mm、50.5mm、20mm 的土样对应的裂隙面积与收缩面积与总面积之比分别为 13.95%、16.08%、16.24%、13.51%、13.43%,呈现随试样直径减小而增大随后又减小的趋势,不同土样最大差值为 2.81%。

2.7　原状土样试件表面裂隙发育形态研究

原状膨胀土样天然含水率为 24.3%,干密度为 1.57g/cm³。将不同直径的环刀插入试验用土样来源地的膨胀土中,待膨胀土表面超出环刀上表面后,利用小平铲将环刀与环刀内的膨胀土整体取出,并对环刀内的膨胀土表面进行刮平处理。原状土样环刀试件高为 20mm,直径分别为 20mm、40mm、60mm、80mm、100mm。将制备好的原状土样环刀试件放置于温度设定为 38℃的烘箱中进行养护,对烘箱内的膨胀土试件进行观察,根据膨胀土试件表面裂隙的演化状态,每隔一段时间将试件取出进行拍照。试验结束后对试验资料进行整理。

不同尺寸原状土样试件表面裂隙扩展过程见图 2-53～图 2-62。

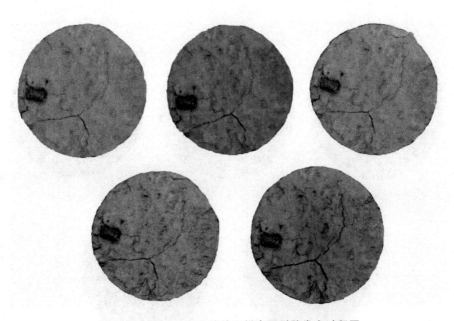

图 2-53　φ20mm 环刀试件土样表面裂隙发育过程图

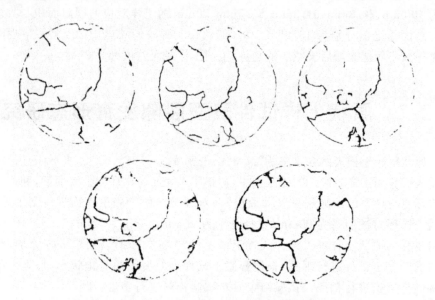

图 2-54 φ20mm 环刀试件土样表面裂隙发育过程二值化图

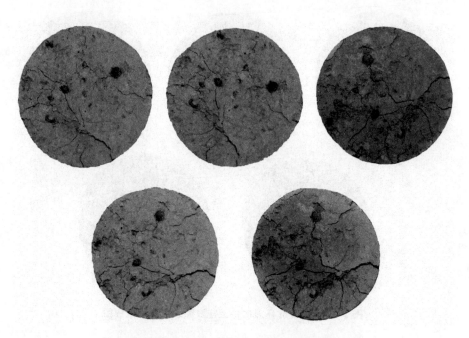

图 2-55 φ40mm 环刀试件土样表面裂隙发育过程图

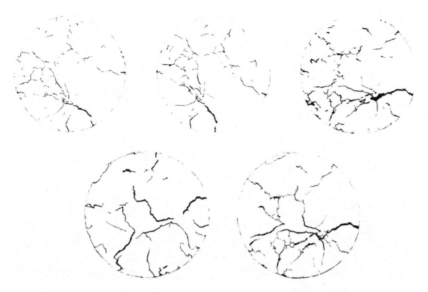

图 2-56 ϕ40mm 环刀试件土样表面裂隙发育过程二值化图

图 2-57 ϕ60mm 环刀试件土样表面裂隙发育过程图

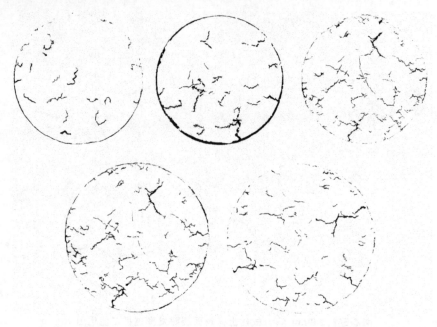

图 2-58　φ60mm 环刀试件土样表面裂隙发育过程二值化图

图 2-59　φ80mm 环刀试件土样表面裂隙发育过程图

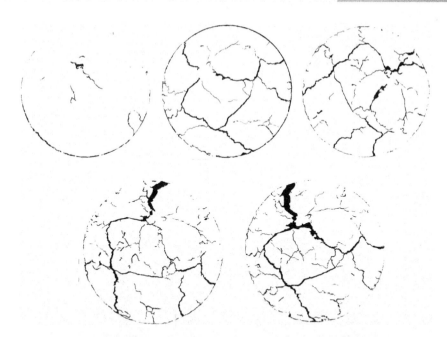

图 2-60　φ80mm 环刀试件土样表面裂隙发育过程二值化图

图 2-61　φ100mm 环刀试件土样表面裂隙发育过程图

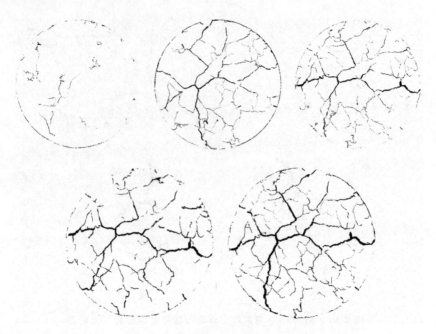

图 2-62　φ100mm 环刀试件土样表面裂隙发育过程二值化图

　　上述五种不同直径环刀原状土样试件表面裂隙发育过程总体相似。直径为 20mm 的原状土样试件生成的表面裂隙较少,生成的裂隙多数为主要裂隙。裂隙扩展初期,生成的裂隙形态为"Y"形,并且生成的裂隙之间不存在连接性。大部分裂隙最初生成于土样中部区域,随着演化扩展的进行,裂隙由中部区域向边缘区域延伸扩展,主要裂隙之间逐渐连接形成裂隙网络,在主要裂隙扩展的同时伴随着次要裂隙的生成,次要裂隙依附于主要裂隙向四周延伸。因此,直径为 20mm 的原状土样试件表面裂隙扩展分为三个阶段:第一阶段为裂隙的生成阶段,在该阶段,土样边缘和中部均生成裂隙,中部生成的裂隙数量居多;第二阶段为裂隙进一步演化阶段,在该阶段,已经生成裂隙中的大部分会继续演化成为主要裂隙,并由中部区域向周围扩展,同时,次要裂隙会依附于主要裂隙生成;第三阶段为裂隙的稳定阶段,在该阶段,裂隙不再出现明显的快速增长,呈现出稳定的状态。

　　直径为 40mm 的原状土样试件表面裂隙发育较直径为 20mm 的原状土样试件裂隙发育明显。生成的裂隙呈现出无规则的状态,主要裂隙之间的连接性不高。大部分裂隙生成于中部区域,并由中部区域向边缘区域扩展。依附于主要裂隙生成的次要裂隙发育程度良好,发育形态呈现出紊乱的状态。裂隙发育达到最终稳定状态时,存在一条演化程度高的主要裂隙,裂隙的宽度大,并由此裂隙主干发散出大量裂隙枝干。因此,直径为 40mm 的原状土样试件表面裂隙扩展分为四个阶段：第一阶段与直径为 20mm 的原状土样试件裂隙发育相似，均为表面裂隙的生成阶段；第二阶段为裂隙的深度扩展阶段，在该阶段，裂隙呈现出快速增长的趋势，大部分生成于中部区域的裂隙发育成主要裂隙，次要裂隙开始出现，依附于主要裂隙扩展；第三阶段为裂隙的愈合阶段，在该阶段，裂隙扩展呈现出平缓的状态；第四阶段为裂隙的稳定阶段，裂隙增长速度出现短时间的快速增长后变得平缓，表面裂隙不再出现大幅度的变化。

直径为 60mm 的原状土样试件表面裂隙发育与同组其余四件试件均不相同。生成的裂隙并没有明显的主要裂隙与次要裂隙之分，裂隙形态多表现为"X"形和"Y"形，裂隙与裂隙之间的连接性不强，表现为裂隙数量较多。因此，直径为 60mm 的原状土样试件表面裂隙发育分为三个阶段：第一阶段为裂隙的生成阶段，在该阶段，裂隙主要生成于非边缘区域；第二阶段为裂隙的发育阶段，在该阶段，裂隙呈现出快速增长的状态；第三阶段为裂隙的稳定阶段，经过二阶段后生成的表面裂隙，在该阶段不再出现明显的变化。

直径为 800mm 的原状土样试件与直径为 100mm 的原状土样试件表面裂隙的扩展情况与直径为 40mm 的原状土样试件表面裂隙的扩展情况相似，在此不做重复叙述。

2.8　重塑土样试件与原状土样试件表面裂隙比较

（1）直径为 20mm 环刀试件对比

直径为 20mm 重塑土样环刀试件表面在试验过程中并未发现裂隙的生成，而直径为 20mm 原状土样环刀试件表面在试验过程中有裂隙生成。表面裂隙主要位于环刀试件非边缘区域，且表面裂隙的生成形态无明显规律，呈现出紊乱状态。

（2）直径为 40mm 环刀试件对比

直径为 40mm 重塑土样环刀试件生成的表面裂隙数量少、长度小，裂隙形态近似于直线形与梯形。生成的裂隙位于边缘区域，在试验过程中，裂隙并未出现明显的变化。

直径为 40mm 原状土样环刀试件裂隙发育较为明显，生成的主要裂隙将土样大致分为 7 块区域，次要裂隙依附于主要裂隙在 7 块区域内扩展。与重塑土样环刀试件不同的是，该直径的原状土样环刀试件表面裂隙发育主要集中于非边缘区域，裂隙呈现出紊乱无序的状态，并没有表现出特定的形状。直径为 40mm 重塑土样环刀试件生成的表面裂隙不存在发育程度较高的情况，而该尺寸下的原状土样环刀试件的表面裂隙存在发育程度较高的情况。

(3)直径为 60mm 环刀试件对比

直径为 60mm 重塑土样环刀试件的表面裂隙在初始时期生成于土样边缘部分,中部区域没有裂隙产生。在后期发育过程中,边缘位置上的裂隙逐渐扩展发育为主要裂隙,次要裂隙基于主要裂隙进行扩展,裂隙呈现出较为有序的状态。表面裂隙的整个扩展过程中没有出现裂隙快速增长的状态,所生成的裂隙数量较少。

直径为 60mm 原状土样环刀试件的表面裂隙主要生成于土样非边缘区域,生成的裂隙主要表现为"X"形和"Y"形,裂隙演化扩展具有一定的均匀性,没有主要裂隙与次要裂隙之分。表面裂隙发育过程中存在快速增长的阶段,在该阶段,裂隙数量出现明显增长,平均宽度未出现大幅度的变化。

(4)直径为 80mm 环刀试件对比

直径为 80mm 重塑土样环刀试件的表面裂隙发育程度比同组小尺寸的环刀试件裂隙发育程度高。主要裂隙将土样分为 5 块区域,次要裂隙在划分的区域内生成、扩展。主要裂隙相互联结在土样中部,呈现出近似于椭圆形的形状,次要裂隙呈现出波浪状形态。

直径为 80mm 原状土样环刀试件发育程度比同组小尺寸重塑土样环刀试件发育程度高。发育初始阶段仅在中部区域生成少量裂隙,随后裂隙扩展进入快速增长时期,主要裂隙不断演化扩展,相互联结,最终将土样划分为 6 块大区域,并使土样中部成为封闭区域,次要裂隙基于主要裂隙在大区域内扩展发育,生成的次要裂隙表现为无固定形态。在表面裂隙扩展过程中,存在宽度较大的主要裂隙。

(5)直径为 100mm 环刀试件对比

直径为 100mm 重塑土样环刀试件发育程度与同组不同尺寸重塑土样环刀试件比较,表面裂隙发育状态最好。主要裂隙将土样中部区域划分为"8"字形封闭区域,裂隙发育主要集中在中部区域,土样边缘部分仅生成细小裂隙。

直径为 100mm 原状土样环刀试件裂隙发育初始阶段在土样非边缘区域,仅生成少量裂隙,之后进入裂隙快速扩展时期。主要裂隙贯穿于土样整个区域,并存在宽度发育情况较好的裂隙。基于主要裂隙生成的次要裂隙数量多,呈现出"X"形和"Y"形。

2.9 本章小结

从以上对南阳膨胀土室内裂隙试验的数据整理与分析可以得出以下结论:

①试样的均匀性对裂隙发育的影响很大,试样越均匀,裂隙发育形态越接近椭圆曲线;试样越不均匀,裂隙发育呈折线,裂隙切割出的块体棱角越分明。

②裂隙发育具有温度敏感性,温度越高则开裂越剧烈,温度越低则越表现出整体收缩性。

③裂隙发育具有明显的尺寸效应,不同尺寸试样裂隙发育有所不同,试样愈小,表面愈难出现裂隙,而主要表现为土的收缩。在裂隙发育过程中,大体可以分为四个阶段:主裂隙的发生阶段;主裂隙宽度扩展,次裂隙的发生、发展阶段;裂隙的消失及裂隙均匀化阶段,也可称为裂隙的"自愈"阶段;裂隙稳定阶段,到了此阶段,裂隙基本不再发生变化。

④膨胀土重塑土样与原状土样的表面裂隙扩展对比分析表明:

a. 相同点:重塑土样试件与原状土样试件表面裂隙的发育过程均可以分为四个阶段:第一阶段为主要裂隙的生成阶段;第二阶段为主要裂隙继续发育,次要裂隙生成阶段,且次要裂隙的生成均依附于主要裂隙,主要裂隙贯穿于土样,将试件土样分为几块区域;第三阶段为裂隙均匀化阶段;第四阶段为稳定阶段,在该阶段,表面裂隙不再出现明显变化。

b. 不同点:在土样表面裂隙发育形态方面,重塑土样试件裂隙形态较为规整,主要呈现为椭圆形,原状土样试件裂隙发育没有固定的形态,多以不规则网状呈现;在表面裂隙长度方面,原状土样试件裂隙的总长度值明显比重塑土样试件裂隙的总长度值大;在表面裂隙平均宽度方面,原状土样试件裂隙的平均宽度值比重塑土样试件裂隙的平均宽度值大,主要裂隙的发育状态明显;在表面裂隙条数方面,原状土样试件裂隙的条数比重塑土样试件裂隙的条数多,主要裂隙的条数相差不大,次要裂隙的条数相差较大,原状土样试件生成的次要裂隙数量明显多于重塑土样试件生成的次要裂隙数量。

⑤在试验过程中,土样的失水率、含水率的变化,土样的收缩、开裂是一一对应的关系,是一个统一的过程。

总之,膨胀土裂隙的发生、发展是一个复杂的过程,与环境密切相关,并具有相当的随机性,要想完全弄清其发育规律,还需要进行更多的研究。

注释

[1] 孙长龙,王福升.膨胀土性质研究综述[J]. 水利水电科技进展,1995,15(6):10-14.

[2] 包承纲,詹良通.非饱和土性状及其与工程问题的联系[J].岩土工程学报,2006,28(2):129-136.

[3] 殷宗泽,徐彬.反映裂隙影响的膨胀土边坡稳定性分析[J].岩土工程学报,2011,33(3):454-459.

［4］陈亮,卢亮.土体干湿循环过程中的体积变形特性研究［J］.地下空间与工程学报,2013,9(2):229-235.

［5］Chertkov V Y. Using Surface Crack Spacing to Predict Crack Network Geometry in Swelling Soils［J］. Soil Science Society of America Journal, 2000(8): 116-135.

［6］Annakg, Acworthri, Brycefjk. Detection of Subsurface Soil Cracks by Vertical Anisotropy Profiles of Apparent Electrical Resistivity［J］. Geophysics, 2010(10):1365-1418.

［7］Picornellm,Lytton R L. Field Measurement of Shrinkage Crack Depth in Expansive Soils［J］. Transportation Research Record, 1989(12):121-130.

［8］中华人民共和国交通运输部. JTG D30—2015　公路路基设计规范［S］. 北京:人民交通出版社,2015.

［9］Gonzalez R C,Woods R E,Eddins S L. 冈萨雷斯数字图像处理(MAT-LAB 版)［M］. 北京:电子工业出版社,2004.

［10］Otsu N. A Threshold Selection Method from Gray-level Histograms ［J］. IEEE Transactions on Systems, Man, and Cybernetics,1979,9(1):62-66.

［11］秦筱械,蔡超,周成平. 一种有效的骨架毛刺去除算法［J］. 华中科技大学学报:自然科学版,2004,32(12):28-31.

［12］李小燕,程显毅. 基于权值的骨架修剪算法［J］. 计算机工程与设计, 2009,30(14):3374-3376.

［13］王金玲,段会川,刘弘. 基于轮廓线度量的形态学骨架剪枝方法［J］. 计算机工程与设计,2009,30(9):2283-2285.

［14］赵芳,王卫星,金文标. 基于角点分段算法的岩石裂隙宽度测量及分析 ［J］. 计算机应用研究,2006,23(11):137-140.

3 南阳膨胀土裂隙三维空间分布特征

3.1 引 言

岩土是一种非金属材料,其最大密度小于 $3g/cm^3$,X 射线可以穿透;不同岩土状态与其内部结构相关联,在不同试验条件下内部结构可能发生改变;常规岩土试验只能观测试样表面和试样外部特性,无法探知试样在试验过程中的内部现象,CT 扫描恰好能够弥补这一不足。CT 技术是以计算机技术为基础对被测体断层中某种特性进行定量描述的专门技术,该技术开创于 20 世纪 70 年代,现在的 CT 技术已经在扫描方式、扫描速度、重建方式及图像处理等方面有了长足的进步。CT 扫描能够直接检测到试样内各观测点之间的距离;试样内各观测点的位移;试样内全体或试样内感兴趣区域的 CT 数;试样内裂隙的长度、宽度及其变化过程等。正是因为 CT 扫描技术能够为岩土试验提供如此有价值的试验效果,近年来 CT 技术在各国岩土试验研究中得到了广泛的应用。

国外已成功将 CT 技术运用于岩土工程领域,并取得了显著成果[1]。国内对岩土体 CT 方面的研究始于 20 世纪 90 年代初期。目前,CT 技术在岩土力学研究中的应用日臻广泛与深入,主要集中于土壤大孔隙[2-3]、土体结构性[4]、土体裂隙演化[5]等方面。膨胀土作为一种特殊结构土类,CT 技术在其"三性"中裂隙性方面应用较多,并取得了一系列有意义的研究成果。陈正汉等[6]是国内最早将 CT 技术应用于膨胀土研究的学者之一,在中国科学院寒区旱区环境与工程研究所的 CT 机上进行了重塑膨胀土干湿循环前后裂隙演化过程,提出了基于 CT 数据的裂隙损伤变量,并于 2000 年左右研制出适用于 CT 试验的非饱和三轴剪切仪,随后,对原状膨胀土进行了非饱和三轴剪切 CT 扫描,建立了基于 CT 数的强度损伤演化方程,并将该演化方程扩展至非饱和膨胀土弹塑性损伤本构模型,对非饱和膨胀土边坡三相多场耦合问题进行了数值计算分析,揭示了膨胀土开挖及气候变化条件下的失稳机理。随后,程展林等[7],胡波、龚壁卫等[8]利用长江科学院CT科研工作站就膨胀土干湿循环前后其裂隙演化等特征进行了研究,长安大学雷胜友等[9]也对膨胀土的加水变形、强度特性及结构变化规律等进行了细观分析。总之,对于以CT扫描为基础的膨胀土特性的细观分析方面的研究逐渐深入,对膨胀土典型的胀缩性、裂隙性及超固结性均有不同程度的涉及。随着对土体裂隙研究的发展,CT法已经逐渐成为一种主流的裂隙量测方法。

前一章中研究了南阳膨胀土重塑土样脱湿过程中土体表面裂隙发育过程,对裂隙在空间上的发育分布没有涉及,然而实际工程中裂隙是沿三维扩展的,仅通过表面裂隙的研究是无法得知土体内部裂隙发育状况的,本章采用高精度的工业三维CT技术对小尺寸的南阳膨胀土原状土样和重塑土样脱湿开裂稳定后的试样进行扫描;同时采用医用CT对较大尺寸膨胀土试样中的裂隙分布进行扫描试验,获取不同初始含水率、不同压实度、低含水率低压实度膨胀土样在脱湿过程中土体内部结构的CT扫描图像,研究不同膨胀土裂隙的三维空间分布扩展规律。

3.2　裂隙膨胀土工业三维CT扫描试验

(1)试验仪器及样品制备

采用中国科学院高能物理研究所XM-Tracer-130微米焦点工业CT系统(图3-1)进行试验。XM-Tracer是一款微米焦点(micronfocus)工业CT系统,配备高精度三自由度位移系统,高对比度探测器,高性能GPU加速图像重建软件,用于各类材料的计算机层析成像,广泛应用于航空航天、军工、汽车电子、石油勘探、科研等行业以及生物科学研究领域。性能参数:采集时间720个投影12分钟(取决于采集参数设置);离线模式重建时间为17s到20min;采用GPU加速的滤波反投影算法(FDK);分辨率为$10\mu m$(21倍)到$100\mu m$(1.27倍);最大几何放大倍数(CT)为1.27倍到24倍,取决于工件直径;采用可视化软件Volume Graphics Studio Max或mimics进行重建。

加工高度40mm,直径61.8mm原状土样,编号003。

将取回的膨胀土风干,磨碎,过2mm网筛,配制成含水量为20%的土,再加工成干密度$1.5g/cm^3$和$1.7g/cm^3$,高度40mm,直径61.8mm的重塑土样,见表3-1。

将上述三个样进行抽真空饱和,将浸水饱和后土样放入恒温恒湿箱(图3-2)进行脱湿,设定恒定温度40℃和相对湿度35%。

图 3-1　XM-Tracer-130 微米焦点工业 CT 系统　　　图 3-2　恒温恒湿箱

表 3-1　　　　　　　　　　　三维 CT 试样参数表

编号	含水率/%	干密度/(g/cm³)	压实度/%
TS003	20.0	1.7	95.5
002	20.0	1.5	84.3
003	26.0	1.57	

　　从图 3-3 和图 3-4 可以看出：三个试样均发生了明显的收缩，收缩幅度：原状土样＞干密度 1.7g/cm³ 重塑土样＞干密度 1.5g/cm³ 重塑土样；三个试样表面均出现了裂隙，原状土样表面裂隙多而细密，干密度 1.5g/cm³ 重塑土样表面出现一条宽大的裂隙并由此衍生出几条小裂隙，干密度 1.7g/cm³ 重塑土样表面只有较小的几条裂隙。由此可以看出原状土样与干密度 1.5g/cm³ 重塑土样脱湿曲线虽然趋近于一致，但是其表面裂隙发育的完全不同。

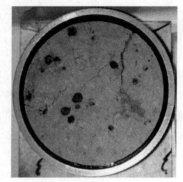

图 3-3　脱湿前后膨胀土原状土样

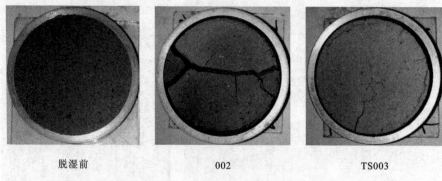

脱湿前　　　　　　　002　　　　　　　　TS003

图 3-4　脱湿前后重塑土样

从脱湿曲线图(图 3-5)中可以看出,原状土样与干密度 1.5g/cm³ 重塑土样浸水饱和后的含水率基本相同,其脱湿曲线也趋近于一致。干密度 1.7g/cm³ 重塑土样浸水饱和后的含水率远低于上述两种土样,其脱湿曲线变化也比较缓慢。

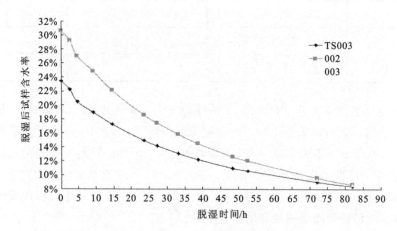

图 3-5　脱湿曲线

将制备好的试样置于三维 CT 中进行扫描(图 3-6)。

(2)原状土样扫描结果

图 3-7 是样品扫描,经重建以后的三维视图。图 3-8 为从样品中截取的剖面。

从原状土样的扫描结果看,原状土样中分布着大量的铁锰结核(见图 3-7 中第 1 个图片所示),裂隙发育丰富,样品中存在几条交错的主裂隙,并延伸出无数的细小裂隙,裂隙贯穿了整个试样,各种大小裂隙将整个土样分割得极为破碎。

图 3-6 扫描中的试样

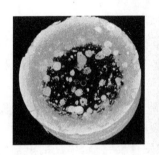

图 3-7 原状土样三维视图

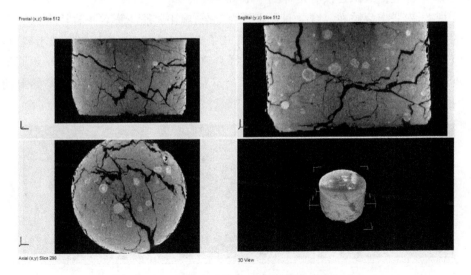

图 3-8 原状土样剖面图

（3）重塑土样扫描结果

从图 3-9 中可以看出，干密度 1.5g/cm³ 重塑土样侧面有一条贯穿整个样品的竖向裂隙，而干密度 1.7g/cm³ 重塑土样则是在距离上表面约 1/4 处有将样品分成两部分的横向裂隙。

图 3-9　两侧面裂隙图

(a)002；(b)TS003

图 3-10 和图 3-11 分别是干密度 1.5g/cm³ 与 1.7g/cm³ 重塑土样样品扫描重建以后的三维视图，图 3-12 和图 3-13 分别是从干密度 1.5g/cm³ 与 1.7g/cm³ 样品中点作的剖面图。

从图中可以看出：干密度 1.5g/cm³ 重塑土样裂隙发育少而简单，而干密度 1.7g/cm³ 重塑土样裂隙条数较多而复杂；两个重塑样裂隙发育有一个共同的特点就是裂隙主要集中在样品上部且横向裂隙比竖向裂隙发育要完全，样品的下部裂隙较少，上部竖向裂隙还没有延伸到下部就消失。

总之，膨胀土裂隙在三维空间发育极为复杂，南阳膨胀土原状土样中分布着大量的铁锰结核，裂隙发育丰富，样品中存在几条交错的主裂隙，并延伸出细小裂隙，裂隙将整个土样分割得极为破碎；重塑土样裂隙比原状土样发育少而简单，不同干密度的重塑土样裂隙发育不同，干密度低的重塑土样裂隙发育比干密度高的要简单，重塑土样裂隙发育主要集中在样品上部且横向裂隙比竖向裂隙发育要完全。

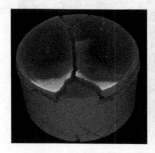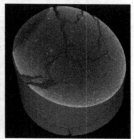

图 3-10　干密度 1.5g/cm³ 重塑土样(002)三维视图

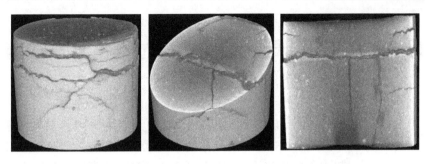

图 3-11　干密度 1.7g/cm³ 重塑土样(TS003)三维视图

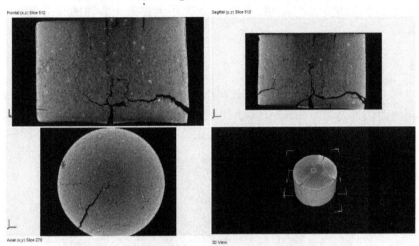

图 3-12　干密度 1.5g/cm³ 重塑土样(002)剖面图

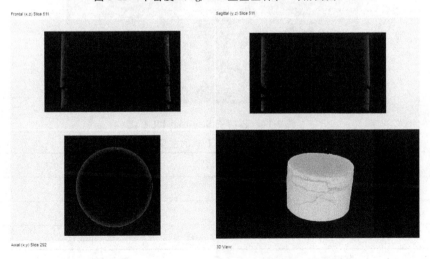

图 3-13　干密度 1.7g/cm³ 重塑土样(TS003)剖面图

3.3 重塑膨胀土裂隙发育过程 CT 扫描与空间分布特征分析

膨胀土裂隙发育具有明显的尺寸效应,当试样尺寸差异很大时,裂隙发育有所不同,在本节中采用医用 CT 对较大尺寸的膨胀土试样中的裂隙分布进行扫描试验,分别获取不同初始含水率、不同压实度、低含水率低压实度重塑膨胀土样在脱湿过程中土体内部结构的 CT 扫描图像,研究不同膨胀土裂隙的三维空间分布扩展规律。

3.3.1 CT 扫描试验设备

本次 CT 扫描试验采用的是长江科学院水利部岩土力学与工程重点实验室引进的德国西门子公司的 Sensation40CT 机,如图 3-14 所示。其主要的技术参数见表 3-2。

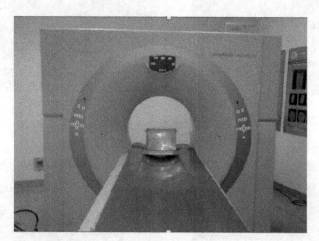

图 3-14 西门子 Sensation40CT 机

表 3-2 西门子 Sensation40CT 机的主要性能指标

项目	技术指标
扫描最大直径	70cm
扫描长度	1570mm
最薄层厚度	0.6mm
断层准直	20mm×0.6mm

项目	技术指标
图像重建矩阵	512×512
图像显示矩阵	1024Pixel×1024Pixel
HU 标度	$-1024\sim+3071$
可视密度分辨率	0.30%

1969 年,英国工程师 Housfield 建立了医用 CT 机的标准方程:

$$H_{rm} = 1000 \times \frac{\mu_{rm} - \mu_{H_2O}}{\mu_{H_2O}}$$

式中:H_{rm} 为 CT 数;μ_{rm} 为某图像点物体的 X 射线吸收系数;μ_{H_2O} 为水的 X 射线吸收系数,也可简称 μ_w。

Housfield 建立了以纯水 CT 数为 0 的理想图像标准,在此标准下,某点对 X 射线的吸收强弱直接用 CT 数表示出来。如果被测体是仅存在密度(ρ)变化的同一种物质(其单位密度质量吸收系数为 μ_m),被检测物质对 X 射线的吸收系数 μ_{rm} 为:

$$\mu_{rm} = \mu_m \rho$$

令 $\mu_w = 1$,可得

$$\rho = \frac{\dfrac{H_{rm}}{1000} + 1}{\mu_{rm}}$$

在已知这种物质的 X 射线质量吸收系数 μ_m 的条件下,CT 数就直接表示了物质的密度 ρ,简而言之,CT 图像就是被测体某层面的密度图。

在试验中,可以通过对已知均匀密度的标准试样进行 CT 扫描,得到其大范围的平均 CT 数,直接求出其在这种试验条件下的质量吸收系数 μ_m,然后可以对此物质制成的试样在试验过程中的 CT 图像进行数值计算,直接推导出试样内部的密度图,实现试验过程中密度变化的定量描述。

3.3.2　不同压实度膨胀土样 CT 扫描

试验所用装土脱湿盒为 25cm(长)×25cm(宽)×15cm(高)的不锈钢铁盒,铁盒厚度约为 1.5mm,盒底均布直径为 1cm 的圆孔,孔心距为 2cm,如图 3-15 所示。

试验使用过 2mm 网筛的膨胀土样,分别配制含水率为 35%、30%、25%、18% 的足量膨胀土样。在铁盒底部垫上合适大小的垫板,将含水率为 30% 的膨胀土样分三层压入每个铁盒中,压实度分别控制在 80%、75% 和 70%。将土样置于约

图 3-15　脱湿盒

30℃的烘房中从顶面进行加热脱湿,将铁盒四周用泡沫隔热,防止铁盒侧壁因受热导致土样快速收缩,整个脱湿过程持续约两周时间。将三个土样分别放入 CT 机中进行扫描,图 3-16～图 3-18 为样品的透视图及横纵截面图。

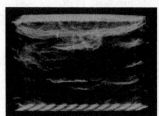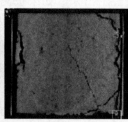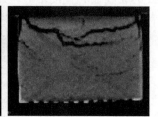

图 3-16　压实度为 80％的土样透视图及横纵截面图

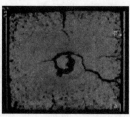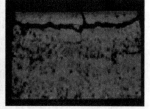

图 3-17　压实度为 75％的土样透视图及横纵截面图

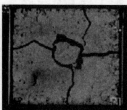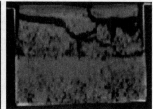

图 3-18　压实度为 70％的土样透视图及横纵截面图

根据实际观测和 CT 扫描结果可知,土体表面主要体现为收缩,裂缝产生较少,在距离表面约 2cm 处均产生了水平发育的裂隙,该裂隙发育贯穿整个平面,在上部土体和下部土体之间形成了一个断面,该断面的形成导致表面裂隙形态与下部裂隙形态基本无关联性。

裂隙开裂深度没有超过试样高度的一半,试样的下部基本没有裂隙发生,从透视图中可以看出压实度为 80% 的土样在上部土样中间的裂隙发育比其他两个土样要丰富,由纵截面图可知压实度为 70% 的土样上部被裂隙分割得比较碎裂,被裂隙横断面分割出的上部土体随压实度的升高,整体性越好,土体约 1/2 高度以上有时显著收缩。

产生上述现象的主要原因是土体初始含水率较高,压实后表面基本为光滑无孔隙的状态,土体间的连接非常致密,受热时水分不易散失,且侧向土体主要靠铁盒产生的反力进行挤密,其密实程度不及表面。受热后土体表层因失水开始收缩,下部土体会抑制其收缩,这样就会在土体表面和土体侧面上部产生一个拉力。由于表面密实度较高,强度较大,不易产生裂隙,因此开裂首先发生在土体侧面上部,随着水分进一步散失,侧面裂隙进一步横向扩展,直至贯穿整个断面。横向裂隙贯穿断面导致下部土体对表层土体的限制减弱,所以土体表面主要表现为收缩,裂隙出现较少。

3.3.3　不同含水率膨胀土样 CT 扫描

将含水率为 35%、25%、18% 膨胀土分别压入三个铁盒中,编号分别为 8035、8025、8018,不垫垫板,压实度控制在 80%,将三个压好的土样浸水饱和,其中含水率为 18% 的膨胀土样发生了极大膨胀,只能废弃,将其他两个土样置于烘箱,温度定为 60℃。注意观察裂隙发育,在裂隙开始出现后每两天将样品取出进行 CT 扫描,裂隙发育过程中扫描 3 次,后将样品烘干至质量基本不变时再扫描 1 次,共计 4 次。

图 3-19 为土样 8035 烘干后表面和从土样中心位置截取的纵截面图,土样整体发生收缩,高度下降约 1.4cm,每侧向里收缩约 1cm,表面只有一条约 0.7cm 的贯穿表面的宽裂隙和一条短细小裂隙,完整性较好。从纵截面图上看,土体上、中、下均有裂隙,下部裂隙较少,中部以横向发育裂隙为主。

在图 3-20 中,裂隙首先出现在土样上部周边,沿约 30°方向向土样内部发展;随后角度变缓,裂隙在中间部位连接,土体分成上下两个部分,上部土体最大厚度约为土样的 1/5,底部沿铁盒有孔部位出现垂直向上发展的小裂隙;在第三张透视图中,上部裂隙继续发育,同时有竖向裂隙向下延伸,下部垂直向上发展的小裂隙明显增多,延伸高度也明显增加;土样脱湿完全后,裂隙将土样分成三部分,中部土体从高 1/5 到 1/2 处,横向裂隙发育丰富,竖向只有少数裂隙连接。

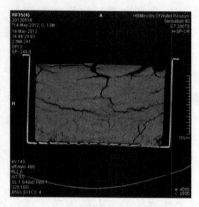

图 3-19　土样 8035 烘干后表面和从土样中心位置截取的纵截面图

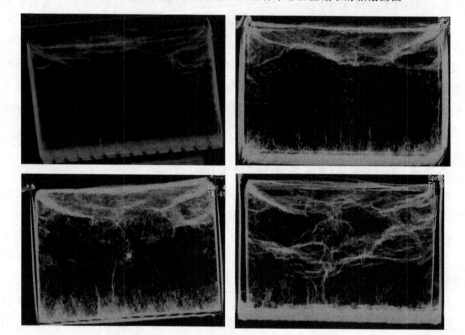

图 3-20　土样 8035 裂隙发育过程透视图

图 3-21 为土样 8025 烘干后表面和从土样中心位置截取的纵截面图,土样整体发生收缩,高度下降约 0.6cm,每侧向里收缩约 0.5cm,表面发育有较多宽裂隙,相互连通,土样表面被分割成不同分块,微小裂隙基本没有出现。从纵截面图上看,土体上部裂隙最丰富,主要为横向发育裂隙,存在竖向裂隙贯穿土体。

在图 3-22 中,土样表面和周边出现很多裂隙并以小于 30°方向向土样内部发展,裂隙土层厚度约在 1.4cm;随后上部土层中裂隙进一步横向发育,相互连通;在第三张透视图中,上部裂隙土层中出现竖直向下的小裂隙,底部沿铁盒有孔部位出

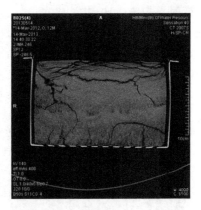

图 3-21 土样 8025 烘干后表面和从土样中心位置截取的纵截面图

现垂直向上发展的小裂隙；最后，上部裂隙继续发育，裂隙土层的厚度明显增加，土样中有竖向裂隙相互连通，底部垂直向上发展的裂隙高度明显增加，沿土样侧面出现较多的横向发展裂隙。

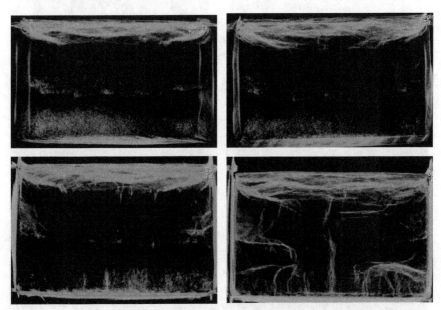

图 3-22 土样 8025 裂隙发育过程透视图

3.3.4 低含水率低压实度膨胀土样 CT 扫描

将含水率为 18％的膨胀土分别压入一个铁盒中，压实度控制在 70％，将压好的土样浸水饱和，后将其他两个土样置于烘箱，温度定为 60℃。注意观察裂隙发育，在不同时间将样品取出进行 CT 扫描，裂隙发育过程中扫描 3 次，当样品质量基本不变时再扫描 1 次,共计 4 次。

图 3-23 为土样 7018 烘干后表面和从土样中心位置截取的纵截面图,土样整体发生收缩,高度下降约 0.6cm,每侧向里收缩约 0.7cm,表面发育有较多宽裂隙和细裂隙,相互连通,土样表面被宽裂隙分成大块,再由细裂隙分割成小块;从纵截面图上看,土体内部裂隙发育丰富,土体被分割成许多部分,竖向裂隙和斜向裂隙发育明显,竖向裂隙与斜向裂隙连通贯穿土体。

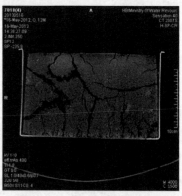

图 3-23   土样 7018 烘干后表面和从土样中心位置截取的纵截面图

在图 3-24 中,开始土样表面出现裂隙并沿垂直方向向土样内部发展,随后上部土层中裂隙进一步向下延伸,并有横向裂隙发育,相互连通;在第三张透视图中,

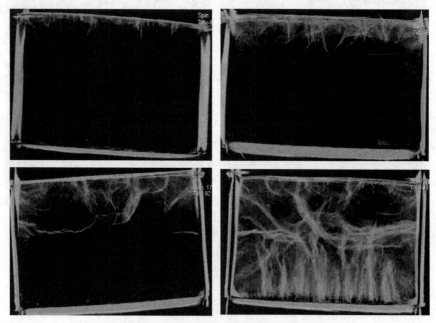

图 3-24   土样 7018 裂隙发育过程透视图

上部裂隙土层中斜向裂隙发育增多;最后,在土样高 1/3～1/2 处有大量的横向裂隙,将整个土体分成上下两个部分,上部土体主要为横向裂隙及小的竖向裂隙,下部土体主要为沿铁盒有孔部位垂直向上发展裂隙,整个土样被裂隙分割得极为破碎。

3.4 本章小结

通过本章对裂隙膨胀土的 CT 扫描试验,可以得到下列结论。

①小尺寸膨胀土裂隙试样工业 CT 扫描结果表明:南阳膨胀土原状土样中分布着大量铁锰结核,三维空间裂隙发育极为复杂,样品中存在几条交错的主裂隙,并延伸出细小裂隙,裂隙将整个土样分割得极为破碎。

重塑土样裂隙比原状土样发育少而简单,不同干密度的重塑土样裂隙发育不同,重塑土样中干密度高的表面裂隙发育比干密度低的要简单,但是内部裂隙发育情况刚好相反,干密度低的重塑土样裂隙发育比干密度高的要简单,重塑土样裂隙主要集中在距上表面约 1/4 高度处,横向裂隙比竖向裂隙发育要丰富。

②不同压实度重塑膨胀土样裂隙发育 CT 扫描分析表明:压实度不同的土样随压实度降低,土体破碎程度加剧。

③不同含水率重塑膨胀土样裂隙发育 CT 扫描分析表明:含水率越高,试样收缩越明显,脱湿后整体性越强;随着含水率的降低,土体内裂隙增多且竖向裂隙也增多,土样被裂隙分割得愈破碎。

④低含水率低压实度重塑膨胀土样裂隙发育 CT 扫描分析表明:低含水率低压实度膨胀土样裂隙发育更加丰富,土体被分割得极为破碎,发育大量竖向裂隙并与上部裂隙连通。

⑤在铁盒底部垫上垫板的土样底部不失水不出现裂隙;不加垫板的土样底部失水出现裂隙,主要以竖向裂隙为主,裂隙发育程度与制样参数有关。

⑥重塑膨胀土样裂隙发育虽然各不相同,但存在很多共同特性:裂隙总是首先出现在土体表层,土样裂隙发育剧烈的不是土样表面,而是与土体表面有一定距离处。

⑦重塑膨胀土样在失水过程中收缩明显,这不仅与土样本身特性、脱湿加热方式有关,还与土样盒的材质有关,铁盒能很好地导热,使得土样侧面温度较高,容易优先失水收缩。

注释

[1] 葛修润,任建喜,蒲毅彬,等.岩土损伤力学宏细观试验研究[M].北京:科学出版社,2004.

[2] Zeng Y,Gantzer G J,Peyton R L,et al. Fractal Dimension and Lacunarity Determined with X-ray Computed Tomography[J]. Soil Sci. Am. J.,1996 (60):1718-1724.

[3] 冯杰,郝振纯.CT 扫描确定土壤大空隙分布[J].水科学进展,2002,13 (9):611-617.

[4] 蒲毅彬,陈万业,廖全荣.陇东黄土湿陷过程的 CT 结构变化研究[J].岩土工程学报,2000,22(1):49-54.

[5] 施斌,姜洪涛.在外力作用下土体内部裂隙发育过程的 CT 研究[J].岩土工程学报,2000,22(5):537-541.

[6] 陈正汉,孙树国,方祥位,等.多功能土工三轴仪的研制及其应用[J].后勤工程学院学报,2007,23(4):1-5.

[7] 程展林,左永振,丁红顺.CT 技术在岩土试验中的应用研究[J].2011,28 (3):33-38.

[8] 胡波,龚壁卫,程展林.南阳膨胀土裂隙面强度试验研究[J].岩土力学,2012,33(10):2942-2946.

[9] 雷胜友,唐文栋,王晓谋,等.原状黄土损伤破坏过程的 CT 扫描分析(Ⅱ) [J].铁道科学与工程学报,2005,2(1):51-56.

4 膨胀土干缩开裂微观结构变化特性

4.1 引　　言

土的微观结构是指土在一定的地质环境和条件下,土粒和粒团的排列方式,微孔隙与微裂隙的大小、形状、数量及其空间分布与充填情况,接触与连接方式等所构成的微结构特征。

膨胀土普遍发育有微孔隙与微裂隙,形成了其特殊的微观结构,在膨胀土脱湿的过程中其内部的微观结构也会发生剧烈变化。大量的研究表明,膨胀土的裂隙发育、强度衰减、胀缩变形等工程特性在很大程度上取决于其微观结构特征。微观结构一方面反映膨胀土的形成条件,另一方面也是决定膨胀土物理力学以及其他性质的重要因素。

在膨胀土中普遍存在着蒙脱石、伊利石、高岭石等黏土矿物成分,这些矿物的颗粒大多为鳞片状或扁平状,彼此相互集聚形成叠聚体,构成膨胀土中活动性的基本结构单元,一般在黏土中单独存在的黏土矿物颗粒是很少的。即便是由黏土矿物颗粒与颗粒彼此连接形成的叠聚体,也很少单独地存在,而大多是彼此集聚,相互首尾搭接,形成连续非定向排列的黏土基质结构。少量的碎屑物质呈棱角状或次棱角状颗粒,悬浮于黏土基质中,彼此互不相连,因此,这些颗粒在土中并不构成膨胀土的受力骨架,而是所有内外力的传递将由黏土基质来承担。所以研究膨胀土的微观结构特征,包括组成膨胀土骨架的基本单元——颗粒,以及颗粒与颗粒之间的相互排列方式,颗粒与颗粒之间彼此的联结性质,裂隙、孔隙及其充填等特征。

本章采用扫描电子显微镜分析法和压汞法相结合对膨胀土脱湿前后的微观结构开展研究,主要研究原状土样经脱湿前后内部孔隙变化;相同压实度不同初始含水率重塑膨胀土样脱湿前后内部孔隙变化;相同初始含水率不同压实度重塑膨胀土样脱湿前后内部孔隙变化;相同重塑膨胀土样在不同温度环境下脱湿前后内部孔隙变化。通过宏观和微观相结合的途径去认识膨胀土脱湿前后的微观结构变化,探讨这些变化对于膨胀土裂隙发育以及渗透性能的影响。

4.2 原状土样微观试验

4.2.1 压汞试验

(1)压汞试验仪器

压汞试验采用 Poremaster 33 高压孔隙结构仪(图 4-1)进行,该试验测试分析系统利用汞对材料不浸润的特性,采用人工加压的方式使汞进入材料内部孔隙,通过高精度压力传感器和标准体积膨胀计测量样品的注汞和退汞曲线,结合结构分析模型计算样品的孔径结构、孔隙度及真密度等参数。Poremaster 33 高压孔隙结构仪技术参数见表 4-1。

压汞试验主要用于室内测定土壤、粉体材料等颗粒以及多孔材料的表面积、孔分布及真密度等特性。

图 4-1 Poremaster 33 高压孔隙结构仪

表 4-1   **Poremaster 33 高压孔隙结构仪技术参数**

名称	技术参数	技术指标
低压站	压力范围	$0.23 \sim 50\text{psi}$
	传感器精度	$\pm 0.11\%$
	孔直径范围	$950 \sim 4.26\mu m$

名称	技术参数	技术指标
高压站	压力范围	20～33000psi
	传感器精度	≤±0.05％
	孔直径范围	10.66～0.0064μm

（2）压汞试验原理

压汞法的理论依据是：湿润液体（如汞）在没有外部压力的作用下并不进入孔隙介质的空隙中。所需压力取决于接触角、孔隙形状和液体表面张力，1921 年，Washburn 将介质孔隙假定为圆柱状的毛细管，给出了外部压力 P 与孔隙等效半径 r 的关系式为：

$$P = \frac{2\sigma\cos\theta}{r}$$

式中：P 为施加的外部压力，σ 为注入液体的表面张力，θ 为接触角。对汞来说，$\sigma=0.484\mathrm{N/m}$，$\theta=141°$。

压汞试验是通过不同的压力将汞压入土体孔隙中，根据不同压力及所对应的进汞量（以汞饱和度计）绘制关系曲线，然后通过上述公式计算出不同大小孔隙所占孔隙总体积的比例关系，可直接得出累积压入汞体积随着孔径的变化曲线。为了便于进一步分析压汞试验数据，采用 dV/d(lgr) 来描述土中孔隙分布情况。dV 代表在给定的压力增量下汞体积变化值，d(lgr) 则代表在这一压力增量施加前后汞所能进入的最小孔隙孔径的变化，由于孔径分布范围广，因此有必要采用对数坐标。必须指出，因为土体孔隙空间在其入口处的孔径为最小，所以我们得到的孔隙半径实际为孔隙的入口半径，从而使压汞试验得到的孔隙分布曲线有别于实际土中的孔隙分布曲线。

（3）样品制备

原状土样制备，用渗透环刀取样，随后进行抽气饱和，用透水石把饱和后的土样轻轻从环刀内推出，然后用涂了凡士林的钢丝锯小心切出 10mm×15mm×10mm 的毛坯（选择土样中间部位切取毛坯），再用双面刀片沿毛坯四周环切 1.5mm 左右，用手小心掰出新鲜断面，得到一块较平整的天然结构面，用刀片把具有天然结构面的毛坯再切成 5mm×8mm×4mm 左右的土样，小心放入铝盒（铝盒表面贴上标签并编号，其中 401、402 为抽气饱和的原状土样，403 为未经抽气饱和的原状土样）[1]，按表 4-2 进行处理。

表 4-2   原状土样微观试验方案

土样类型	编号	脱湿环境		试验类型	
		温度/℃	湿度/%	压汞	电镜
原状土样	401	冻干		√	√
	402	45	35	√	√
	403	冻干		√	

涉及的几种脱湿方式如下。

①冻干法:将制好的压汞土样(制样方法与风干法相同)小心装入内径为18mm、高为180mm 的有机玻璃试管内,向试管中加入异戊烷(加异戊烷的目的是使土样均匀受冻),然后把其放入液氮中迅速冷却至−196℃(时间控制在 3min 左右),使土样中的水变成非晶态的冰,之后迅速将冷却后的土样放入冷冻干燥机,连续抽真空 24h 以上,使非晶态的冰升华排出[2]。采用冷冻真空升华干燥法制备土样反映土样天然结构形貌,可以将土样因失水而发生体积收缩的可能性降至最低[3-4]。

②烘干法:将制好的压汞土样放进烘箱,在温度为 105℃ 的条件下连续烘干 12h。

③恒温恒湿箱脱湿法:将制好的压汞土样放进恒温恒湿箱,设定好温湿度,脱湿到样品质量不再发生变化为止。

④风干法:将样品放置于阴凉、通风、干燥处,持续 2 个月时间,以保证土样在自然状态下完全风干。

无论采用哪一种土样干燥方法,制备试样过程中都应尽量减小对土样的扰动。最后将以上制备好的土样送到微观试验室进行微观试验。

(4)原状土样压汞试验结果与分析

图 4-2 中 401、402 为抽气饱和的原状土样分别经由冻干和恒温恒湿箱脱湿后做压汞试验取得的曲线,403 为未经抽气饱和的原状土样经由冻干后做压汞试验取得的曲线。

从图 4-2 中可以看出原状土样冻干后的孔径分布曲线为单峰曲线,脱湿以后的原状土样曲线上单峰消失,曲线整体下沉;抽气饱和前后的原状土样内部孔隙孔径的分布发生较大的变化,饱和前单峰出现在孔径为 6～30μm 的区域,峰值0.223mL/g 对应孔径 18.9μm,饱和后曲线上的单峰向左移动,出现在孔径为 2～20μm 的区域,同时峰值也略有降低,峰值 0.201mL/g 对应孔径 7.7μm;三种土样中孔径为 0.1～1μm 的孔隙基本相同;孔径小于 0.1μm 的孔隙饱和后略高于未饱和土样,脱湿后明显增加减少。即原状土样抽气饱和主要影响的是孔径 1μm 以上

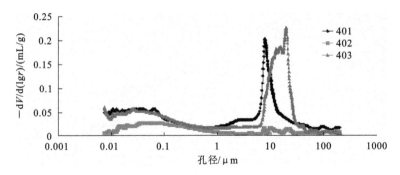

图 4-2 不同孔隙孔径分布

的孔隙,使这一部分的孔隙缩小;而恒温恒湿箱脱湿使得所有的孔隙都要减少,只是减少的程度不同,降低最多的是孔径 $1\mu m$ 以上的孔隙,其次是孔径 $0.1\mu m$ 以下的孔隙,而孔径$0.1\sim1\mu m$ 的孔隙变化不明显。

在图 4-3 孔隙累积曲线上可以看出饱和后的孔隙累积体积要小于饱和前的累积体积,其值分别为 $0.1691mL/g$ 和 $0.1860mL/g$,两者比例为 90.91%;脱湿样总的累计体积为 $0.0796mL/g$,明显小于冻干样,只有冻干样的 42.80% 和 47.07%。脱湿样孔径在大于 $10\mu m$ 时孔隙累积体积要大于冻干样,在小于 $10\mu m$ 时孔隙累积体积明显小于冻干样。

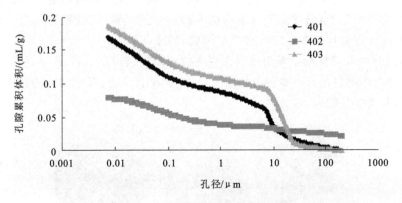

图 4-3 大于某孔径的孔隙累积体积

图 4-4 中冻干样的曲线相近,有 4 个近似直线段,脱湿样的曲线只有 2 个近似直线段,在大于 $10\mu m$ 区域脱湿样孔隙累积体积与总孔隙的百分比要远大于冻干样,脱湿样在一开始就有一个较大的值,说明在脱湿条件下出现了较多的开展裂隙。

总之,土样饱和前后总孔隙体积减小,浸水饱和后膨胀土发生膨胀,内部孔隙变小,孔隙变化主要集中在大于 $1\mu m$ 和小于 $0.1\mu m$ 的区域,但饱和前后孔隙孔径分布曲线形态基本相似;恒温恒湿箱脱湿试样微观结构变化剧烈,总孔隙体积急剧

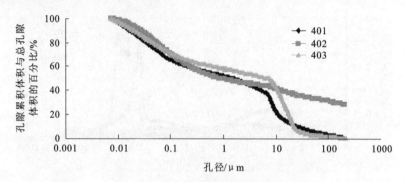

图 4-4　大于某孔径的孔隙累积体积与总孔隙体积的百分比

减小,但脱湿样中大于 $10\mu m$ 孔隙的孔隙累积体积与总孔隙的百分比要远大于冻干样,即试样脱湿后总孔隙体积要减小,但大孔隙所占相对比例急剧增加。

4.2.2　扫描电镜试验

（1）试验仪器

扫描电镜设备为 Quanta 250 扫描电子显微镜（图 4-5、表 4-3）,本试验测试分析系统用聚焦电子束在试样表面逐点扫描成像。试样为块状或粉末状颗粒,成像信号可以是二次电子、背散射电子或吸收电子。电子枪发射出的电流激发到样品表面,产生二次电子,通过信号收集与信号转换到达屏幕,可看到样品表面的同步扫描照片,实现对样品表面的形貌进行微观表征。

Quanta 250 扫描电子显微镜可用于室内对矿物、岩石、金属、陶瓷、生物等样品以及各种固体材料进行观察和分析研究,且具有高真空、低真空和环境真空三种真空模式,分析样品的微观结构特性。

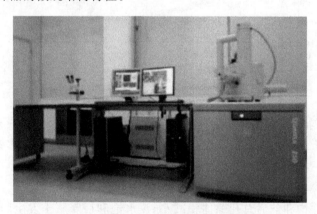

图 4-5　Quanta 250 扫描电子显微镜

表 4-3   **Quanta 250 扫描电子显微镜技术参数**

技术参数	技术指标
放大倍数	$6x \sim 1000000x$
分辨率	二次电子(SE)成像有如下几种模式。 高真空模式:30kV 时 3.0nm;3kV 时 8.0nm 低真空模式:30kV 时 3.0nm;3kV 时 10.0nm ESEM™环境真空模式:30kV 时 3.0nm 背散射电子(BSE)成像:30kV 时 4nm
能谱仪	$20mm^2$ 大面积活区; 在 MnKα 处的分辨率:保证优于 127eV; 分析元素范围:Be4～Pu94

土体内部是由若干硅氧四面体及铝氧八面体晶胞所组成的片状黏土矿物颗粒,在各种连接力的作用下,按一定的组合方式叠聚成黏土矿物粒团,也称基本结构单元,它以独立的颗粒形式参与土体的力学行为,是独立的力学单元。黏土矿物粒团颗粒细小,表面特征较为复杂,颗粒之间界限难以确定。扫描电子显微镜可以用来观察黏土粒团的形貌特征,粒团之间的相互关系以及粒团内部片状黏土颗粒之间的相互组合关系及粒团内部的孔隙特征。

(2)扫描电镜试验结果与分析

经过从低倍到高倍,不同视域区间的对比观察分析,选取较具代表性的视域进行显微照相。特征区域的电镜照片列于图 4-6 中,放大倍数为 100、800、2000、5000倍。在用扫描电子显微镜对样品进行观察分析时,采用的是用手掰断获得新鲜表面的方法。由于掰断时不会使黏土矿物粒团本身发生破坏,因此很难形成完整光滑的表面,即使是在非常微小的区域进行分析,表面也是凹凸不平的。因此,一般用电子显微镜能观察到的是整个粒团的形貌特征,其周围区域由于凹陷,照片上反映为较暗的部分。

图 4-6 是原状土样不同倍数电镜图片,倍数 100 电镜图片中冻干样发育有很多裂隙,脱湿样中孔隙发生了明显的闭合;倍数 800、2000 电镜图片中冻干样结构单元体微小,表现为颗粒聚集状,孔隙为集聚体之间的孔隙、碎屑颗粒之间以及黏土矿物粒团与碎屑颗粒之间形成的微小孔隙,脱湿样表现为片状、层状,脱湿样中孔隙也比冻干样明显缩小;倍数 5000 电镜图片中冻干样黏粒连接在一起,形态表现为单一片状,脱湿样黏粒发生脱离,能看到很多的短片状卷起,由于片状矿物叠聚而形成微小孔隙,脱湿样中微小孔隙明显比冻干样增多。

(a)

(b)

(c)

(d)

(e)

(f)

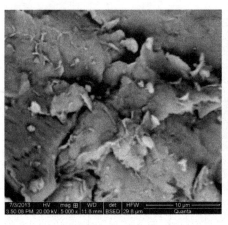

(g)　　　　　　　　　　　　　(h)

图 4-6　原状土样不同倍数电镜图片(左 401 右 402)

(a)原状土样 401(冻干)倍数 100;(b)原状土样 402(脱湿)倍数 100;(c)原状土样 401(冻干)倍数 800;
(d)原状土样 402(脱湿)倍数 800;(e)原状土样 401(冻干)倍数 2000;(f)原状土样 402(脱湿)倍数 2000;
(g)原状土样 401(冻干)倍数 5000;(h)原状土样 402(脱湿)倍数 5000

4.3　不同初始含水率相同压实度重塑膨胀土样微观试验

　　将取回的南阳膨胀土风干后过 2mm 网筛,加入适量的水配置成初始含水率为 35%、30%、25%m、20%、15%的土样,将配好的土样制成压实度为 80%的渗透环刀样,随后进行抽气饱和,将饱和后的土样从渗透环刀中推出,再用美工刀将每个推出土样切出 4~5 个长、宽、高为 1cm、1cm、4cm 的长方体,取其中 2 个进行冷冻干燥,其余样品按表 4-4 中所示环境进行脱湿。

　　将完全干燥后的样品分别开展扫描电镜试验和压汞试验。

表 4-4　　　　　　　　　**不同初始含水率重塑膨胀土样微观试验方案**

编号	初始含水率/%	压实度/%	脱湿环境		试验类型	
			温度/℃	湿度/%	压汞	电镜
3508	35	80	冻干		√	√
104			45	35	√	√

编号	初始含水率/%	压实度/%	脱湿环境		试验类型	
			温度/℃	湿度/%	压汞	电镜
3508	30		冻干		√	√
103			45	35	√	√
206	25		冻干		√	√
306		80	45	35		√
207	20		冻干		√	
307			45	35	√	
208	15		冻干		√	
308			45	35	√	

（1）压汞试验结果与分析

以下是重塑土样脱湿样与冻干样的压汞试验结果。

图 4-7 中冻干样不同孔隙孔径分布曲线上随着初始含水率的变化明显不同，含水率为 35％ 的土样为单峰曲线，峰值约为 0.04mL/g，对应孔径 8.5μm；含水率为 30％ 的土样为单峰曲线，峰值约为 0.26mL/g，对应孔径 80μm；含水率为 25％ 的土样为双峰曲线，峰值约为 0.22mL/g 和 0.25mL/g，对应孔径在 10～20μm 之间；含水率为 20％ 的土样为三峰曲线，峰值约为 0.23mL/g、0.20mL/g、0.17mL/g，对应孔径在 10～60μm 之间；含水率为 15％ 的样为双峰曲线，峰值约为 0.23mL/g 和 0.27mL/g，对应孔径在 9～20μm 之间；在小于 1μm 区域含水率为 30％、25％、20％、15％ 试样曲线基本相似，含水率为 35％ 曲线明显低于其余 4 种土样。除含水率为 35％ 土样外，各土样孔径小于 1μm 曲线是基本相似，表明随初始含水率降低，

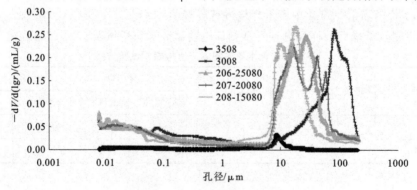

图 4-7　冻干样不同孔隙孔径分布

土样内部孔隙分布由一种孔径孔隙占主导向多种孔径孔隙共同主导的趋势发展，土体内部微观结构更加复杂，这种复杂变化主要发生在大孔径孔隙，而微小孔径的孔隙变化很小。

图 4-8 中脱湿样不同孔隙孔径分布曲线相对于冻干样有明显变化，含水率为 35％曲线单峰消失；含水率为 30％曲线单峰依然存在，但峰值下降约为 0.03mL/g，对应孔径约 17μm；含水率为 25％曲线为四峰曲线，峰值下降约为 0.071mL/g、0.067mL/g、0.058mL/g、0.043mL/g，对应孔径在 30～100μm 之间；含水率为 20％曲线为三峰曲线，峰值下降约为 0.11mL/g、0.12mL/g、0.16mL/g，对应孔径在 60～110μm 之间；含水率为 15％的曲线为单峰曲线，峰值下降约为 0.14mL/g，对应孔径约 32μm。脱湿样相对于冻干样最大的区别在于曲线中的峰值被降低，同时峰向大孔径方向移动。

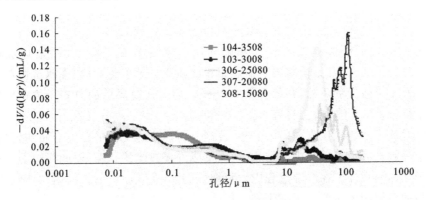

图 4-8　脱湿样不同孔隙孔径分布

图 4-9 中冻干样孔隙累积体积曲线中初始含水率为 30％、25％、20％、15％的土样曲线相似，大于 10μm 区域含水率为 30％土样累积体积比其他的大，四个土样的总累计体积基本相同，约为 0.24mL/g；含水率为 35％曲线从 10μm 处可近似分为两条直线，其总累积体积为 0.0189mL/g，明显低于其他土样。

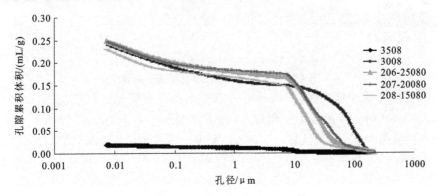

图 4-9　冻干样大于某孔径的孔隙累积体积

图 4-10 中脱湿样孔隙累积体积曲线中不同初始含水率土样曲线与冻干样曲线相比变化明显,在小于 $10\mu m$ 区域曲线随初始含水率增加而升高,其中初始含水率 20％、15％ 土样曲线极为接近。

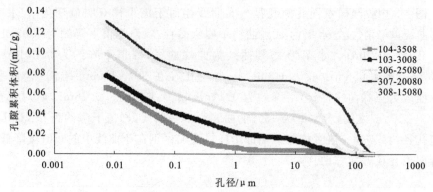

图 4-10　脱湿样大于某孔径的孔隙累积体积

图 4-11 显示脱湿样总累积体积随初始含水率升高而降低,初始含水率为 30％、25％、20％、15％ 土样冻干后的总累积体积要远大于脱湿样,说明试样在脱湿过程中发生了较大的收缩,初始含水率为 35％ 的土样脱湿后的总累积体积要略小于冻干样,这是由于膨胀土样在 35％ 这样的高含水率下充分膨胀,压实到 80％ 的压实度时基本上达到该含水率下的最大压实度,制成的土样中孔隙分布均匀,在使用冻干法制样时没有破坏内部结构,从而形成许多封闭的孔隙,因此测得的总孔隙远小于其他的土样。在脱湿过程中发育细微裂隙,孔隙原有的封闭结构被破坏,最后测得的总累积体积要高于冻干样。

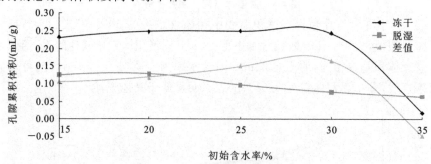

图 4-11　不同含水率试样孔隙累积体积

图 4-12 中冻干样曲线在 $10\mu m$ 左右基本上都存在明显的拐点,初始含水率为 25％、20％、15％ 土样曲线形态相似,五种土样曲线在小于 $1\mu m$ 区域趋于一致,曲线差异主要在大于 $10\mu m$ 区域;图 4-13 中脱湿样曲线则区别明显,曲线形态随初始含水率增加由下凹变为上凸。其中初始含水率为 20％、15％ 土样曲线在小于 $1\mu m$ 区域基本一致。

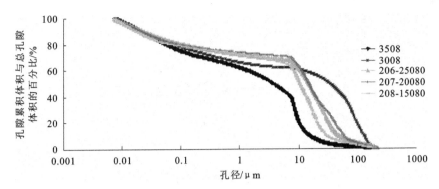

图 4-12 冻干样大于某孔径的孔隙累积体积与总孔隙体积的百分比

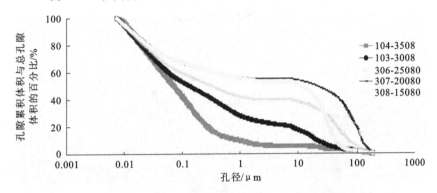

图 4-13 脱湿样大于某孔径的孔隙累积体积与总孔隙体积的百分比

图 4-14 中初始含水率为 35% 土样脱湿后在 $10\mu m$ 前后的孔隙明显减小,而 $0.01 \sim 1\mu m$ 的孔隙明显增加;初始含水率为 30% 土样脱湿后在 $100\mu m$ 前后的孔隙明显减小,小于 $10\ \mu m$ 的孔隙增加;初始含水率为 25% 土样脱湿后在 $10 \sim 100\mu m$ 的孔隙明显减小,小于 $10\ \mu m$ 的孔隙增加;初始含水率为 20% 土样脱湿后大于 $100\mu m$ 的孔隙明显增加,$1 \sim 100\mu m$ 的孔隙明显减小,小于 $1\ \mu m$ 的孔隙变化不明显;初始含水率为 15% 土样脱湿后大于 $26\mu m$ 的孔隙明显增加,$1 \sim 26\mu m$ 的孔隙明显减小,$0.1 \sim 1\mu m$ 的孔隙基本无明显变化,小于 $0.1\ \mu m$ 的孔隙略微减小。

图 4-15 中初始含水率为 35% 土样曲线大致可分为两段,脱湿前孔隙分布比较均匀,在 $10\mu m$ 处存在不是很明显的拐点,脱湿后曲线拐点出现在 $1\mu m$ 处,小于 $1\mu m$ 的孔隙迅速增加;初始含水率为 30% 土样脱湿后曲线为一近似直线段,脱湿前大于 $10\mu m$ 孔隙累积体积明显高于脱湿后;初始含水率为 25%、20%、15% 土样脱湿前后变化情况相似,脱湿前曲线拐点在 $10\mu m$ 处,脱湿后曲线拐点向大孔径处移动,初始含水率含水率 25%、20% 土样拐点约为 $40\mu m$,初始含水率 15% 土样拐点约为 $20\mu m$。

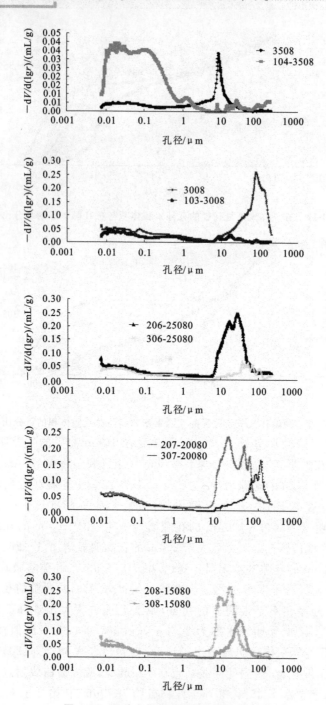

图 4-14　同种土样脱湿前后不同孔径分布

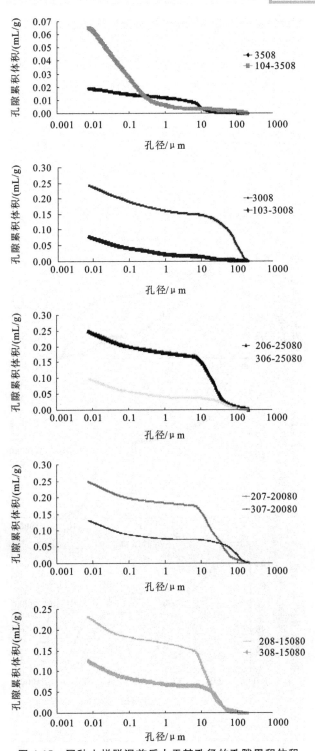

图 4-15　同种土样脱湿前后大于某孔径的孔隙累积体积

图 4-16 中初始含水率为 35％、30％的土样曲线由脱湿前的上凸变为脱湿后的下凹，初始含水率为 25％、20％、15％的土样曲线脱湿前后曲线存在一个交点，随着初始含水率下降交点向 $10\mu m$ 处靠近，脱湿后大孔隙累积体积与总孔隙体积的百分比大于脱湿前大孔隙累积体积与总孔隙体积的百分比。

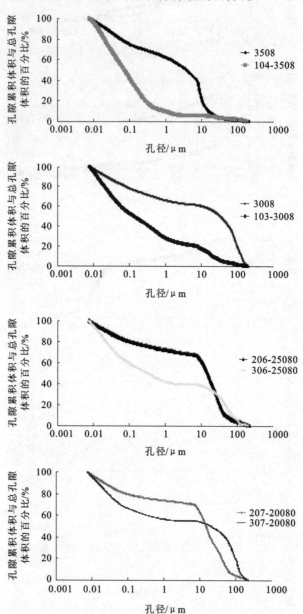

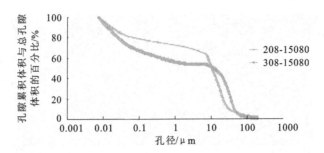

图 4-16 同种土样脱湿前后大于某孔径的孔隙累积体积与总孔隙体积的百分比

（2）扫描电镜试验结果

选取初始含水率为 35％、30％，压实度为 80％重塑土样脱湿样与冻干样进行扫描电镜试验（将初始含水率 35％土样放到 4.5 小节中进行比较），对脱湿前后试样微观结构变化进行对比（图 4-17）。

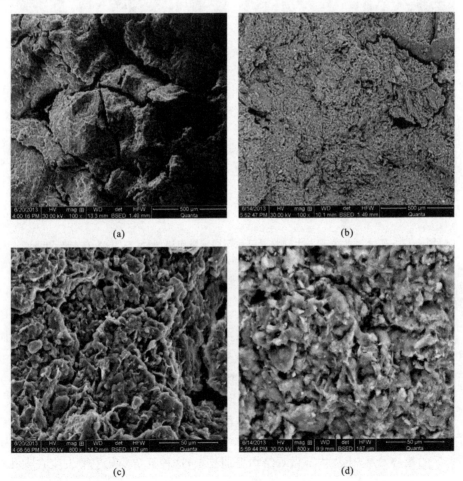

图 4-17　初始含水率 30％土样脱湿前后不同倍数电镜图片（左 3008 右 103-3008）

(a)初始含水率 30％土样 3008（冻干）倍数 100；(b)初始含水率 30％土样 103-3008（脱湿）倍数 100；

(c)初始含水率 30％土样 3008（冻干）倍数 800；(d)初始含水率 30％土样 103-3008（脱湿）倍数 800；

(e)初始含水率 30％土样 3008（冻干）倍数 2000；(f)初始含水率 30％土样 103-3008（脱湿）倍数 2000；

(g)初始含水率 30％土样 3008（冻干）倍数 5000；(h)初始含水率 30％土样 103-3008（脱湿）倍数 5000

　　扫描电镜试验结果表明,土样脱湿后内部存在的土集聚体之间的孔隙要缩小、闭合,结构趋于紧密,集聚体内部黏土矿物片之间主要以面-面和边-面小角度接触,小孔隙增多,集聚体边缘有叶片脱湿前表面较平直,脱湿后呈现出弯曲而起皱的形貌。

　　总之,相同的压实度不同的初始含水率重塑膨胀土样总累积体积基本相同,随着初始含水率降低,土样内部孔隙分布由一种孔径孔隙占主导向多种孔径孔隙共同主导的趋势发展,土体内部微观结构更加复杂,这种复杂变化主要发生在大孔径孔隙,而微小孔径的孔隙变化很小。脱湿后土体内部孔隙体积及分布变化明显,土样总累积体积随初始含水率升高而降低,脱湿样不同孔隙孔径分布曲线相对于冻干样最大的区别在于曲线中的波峰被降低,波峰向大孔径方向移动,试样在脱湿过程中发生了较大的收缩,使得土样总累积体积明显减少。

4.4 不同压实度相同初始含水率重塑膨胀土样微观试验

将取回的南阳膨胀土风干后过 2mm 网筛,加入适量的水配制成初始含水率为 18% 的土样,将配好的土制成压实度为 100%、90%、85%、80%、75%、70% 渗透环刀样,随后进行抽气饱和,将饱和后的土样从渗透环刀中推出,再用美工刀将每个推出土样切出 4～5 个长、宽、高为 1cm、1cm、4cm 的长方体,取其中 2 个进行冷冻干燥,其余样品按表 4-5 中所示环境进行脱湿。

表 4-5 不同压实度重塑膨胀土样微观试验方案

编号	含水率/%	压实度/%	脱湿环境		试验类型	
			温度/℃	湿度/%	压汞	电镜
18001	18	100	冻干		√	√
101			45	35	√	√
18090	18	90	冻干			√
102			45	35	√	
201	18	85	冻干		√	
301			45	35	√	
202	18	80	冻干		√	
302			45	35	√	
203	18	75	冻干		√	
303			45	35	√	
204	18	70	冻干		√	
304			45	35	√	√

(1)压汞试验结果与分析

以下是初始含水率为 18%,压实度分别为 100%、90%、85%、80%、75%、70% 重塑土样脱湿样与冻干样的压汞试验结果。

图 4-18 中冻干样的曲线随压实度的减小呈现单峰到多峰、峰值由低到高的发展趋势,压实度较小的试样孔隙孔径分布曲线在压实度大的试样之上,且波峰位置随着干密度的减小越来越往右偏移;曲线上孔径为 $0.1\sim10\mu m$ 的孔隙含量很少,这一段曲线为近似直线段,孔径小于 $1\mu m$ 区域各种压实度下的曲线几乎一致,说明在初始含水量相同的情况下,压实度对土中小孔隙大小和分布的影响很小,也就是说压实度的变化对于土中微结构孔隙几乎没有影响,压实度升高使得土体内部要压缩挤密,孔隙变形主要发生在黏土颗粒集聚体之间。

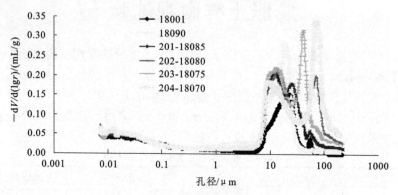

图 4-18 冻干样不同孔隙孔径分布

图 4-19 脱湿样中的曲线多为单峰曲线,单峰随压实度的减小相应向右(大孔隙方向)移动,峰值随压实度的减小而增加,各个土样孔径小于 $10\mu m$ 曲线基本一致。脱湿前后曲线发生变化最大的是孔径大于 $10\mu m$ 区域,其次是孔径小于 $0.1\mu m$ 区域,孔径为 $0.1\sim10\mu m$ 区域的孔隙变化较小。这说明土样脱湿前后的内部结构虽然发生了很大的变化,但是同种环境下脱湿对不同压实度的土样造成的影响是相同的。

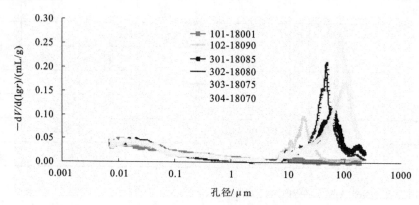

图 4-19 脱湿样不同孔隙孔径分布

图 4-20 中冻干样累积孔隙体积随压实度减小而增加,其曲线大致可分为三组,压实度 80％、75％、70％土样曲线形态相似且极为接近,压实度 90％、85％土样曲线形态相似且极为接近,压实度 100％土样曲线最低。

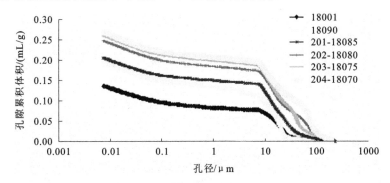

图 4-20　冻干样大于某孔径的孔隙累积体积

图 4-21 累积孔隙体积同样随压实度减小而增加,但累积孔隙体积比冻干样小了很多,同时脱湿样各个土样曲线之间有了明显的间隔,说明脱湿过程对于不同压实度的试样造成的变化是不同的。

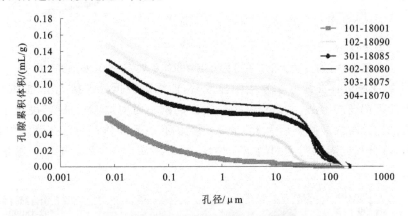

图 4-21　脱湿样大于某孔径的孔隙累积体积

图 4-22 表明冻干样、脱湿样的总累积孔隙体积均是随压实度减小而增加,脱湿后孔隙减少 1/3 左右,减少的孔隙体积先随压实度减小而增加,后随压实度减小而减小,减少的孔隙体积约为 0.1mL/g,其中压实度 85％土样脱湿前后累积孔隙体积的差值最小。

图 4-23 冻干样曲线形态相似,在约 10μm 处存在明显拐点,可以把曲线看成几条折线段,大于 10μm 孔径的孔隙累积体积与总孔隙体积之比为 55％～70％,压实度高的试样大孔隙所占体积较压实度低的试样要少。

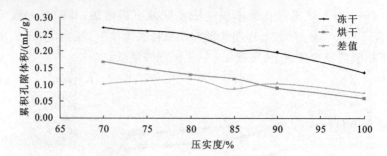

图 4-22　不同压实度试样孔隙总体积

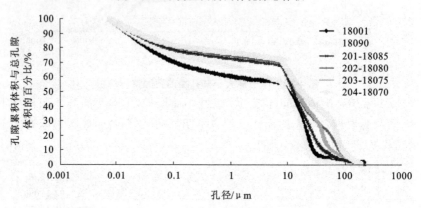

图 4-23　冻干样大于某孔径的孔隙累积体积与总孔隙体积的百分比

　　图 4-24 脱湿样曲线形态发生明显改变,曲线的转折处连接光滑,曲线由高压实度下的下凹变成上凸,上凸程度随压实度的减小而增加,表明压实度减小,大孔隙所占的比例增加。脱湿后大于 $10\mu m$ 孔径的孔隙累积体积与总孔隙体积之比明显降低,降低程度随压实度的增加而增加,其中压实度 100% 的土样下降最多,最终不足 10%。

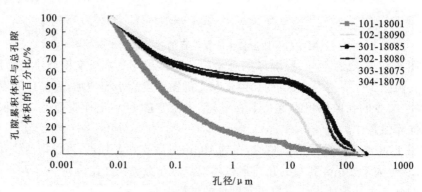

图 4-24　脱湿样大于某孔径的孔隙累积体积与总孔隙体积的百分比

图 4-25 中压实度 100％重塑土样脱湿前为一个大峰和一个小峰组成的双峰曲线,峰值 0.154mL/g、0.038mL/g 对应孔径 22.4μm、55.4μm;脱湿后为小单峰曲线,峰值 0.02mL/g 对应孔径 8.5μm,在脱湿过程中孔径 10～80μm 的孔隙急剧减少。

压实度 90％重塑土样脱湿前为单峰曲线,峰值 0.28mL/g 对应孔径 18.8μm;脱湿后为单峰曲线,峰值 0.95mL/g 对应孔径 18.5μm,在脱湿过程中孔径 1～30μm 的孔隙急剧减少。

压实度 85％重塑土样脱湿前为三峰曲线,峰值 0.21mL/g、0.18mL/g、0.058mL/g 对应孔径 12μm、25μm、54μm;脱湿后为单峰曲线,单峰向大孔隙方向偏移,峰值 0.115mL/g 对应孔径 60μm,在脱湿过程中孔径 1～40μm 的孔隙急剧减少,孔径大于 40μm 的孔隙明显增加。

压实度 80％重塑土样脱湿前为双峰曲线,峰值 0.215mL/g、0.2mL/g 对应孔径 13μm、70μm;脱湿后为单峰曲线,处在脱湿前的双峰之间,峰值 0.21mL/g 对应孔径 47μm,在脱湿过程中孔径 1～30μm 和大于 52μm 的孔隙急剧减少,孔径 30～52μm 的孔隙明显增加。

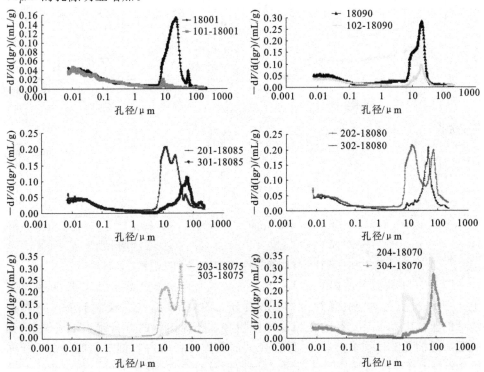

图 4-25 同种土样脱湿前后不同孔隙孔径分布

压实度 75％、70％重塑土样脱湿前均为双峰曲线,脱湿后均为单峰曲线。压实度 75％重塑土样脱湿前峰值 0.22mL/g、0.32mL/g 对应孔径 13μm、40μm,脱湿后单峰向大孔隙方向偏移,峰值 0.155mL/g 对应孔径 99μm;70％重塑土样脱湿前峰值 0.19mL/g、0.34mL/g 对应孔径 9μm、70μm,脱湿后单峰峰值 0.27mL/g 对应孔径 82μm。

图 4-26 中大于某孔径的孔隙累积体积均存在一个陡升段,脱湿前较脱湿后孔隙累积体积明显降低,其中压实度 85％和 75％脱湿前后曲线存在一个交点,大于交点孔径的孔隙累积体积在脱湿后明显增加。脱湿后曲线上的拐点向右侧(大孔径方向)移动。

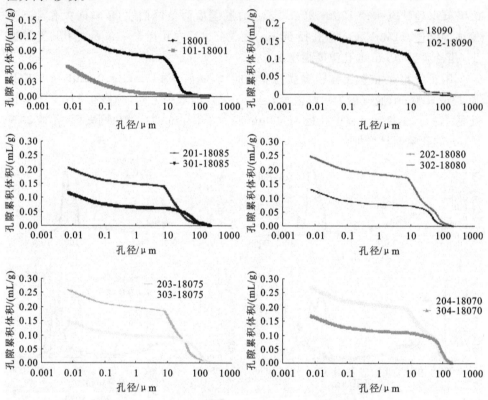

图 4-26　同种土样脱湿前后大于某孔径的孔隙累积体积

图 4-27 中脱湿前后曲线在 10μm 左右基本上有一个交点存在,以压实度 85％土样为例,交点处对应孔径约为 11μm,百分比约为 52％,在孔径大于 11μm 时,脱湿后的土样中大于某孔径的孔隙累积体积与总孔隙体积的百分比大于脱湿前,即脱湿后总的孔隙体积虽然减少,但孔径大的孔隙体积所占比例却相应增加。压实度 100％土样曲线与其他明显不同,脱湿前后没有交点,脱湿后的曲线一直位于脱湿前曲线的下方。

(2)扫描电镜试验结果

根据扫描电镜试验图片中的微结构形态(图 4-28),土样都为集粒结构,因干密

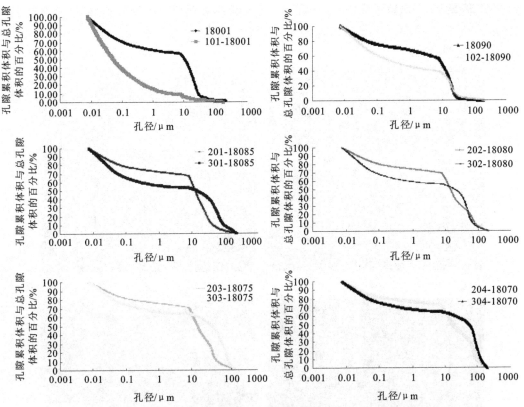

图4-27 同种土样脱湿前后大于某孔径的孔隙累积体积与总孔隙体积的百分比

度不同,颗粒间的紧密度、孔隙含量与分布有所不同。

倍数100电镜图片中,压实度100%土样脱湿后大孔隙明显收缩;压实度90%土样(冻干)中的大孔隙数量明显要比压实度100%土样(冻干)要多;压实度100%土样脱湿后孔隙收缩但没有观测到裂隙,而压实度70%土样脱湿后能明显看到发育有很多小裂隙。

倍数800电镜图片中,压实度100%土样脱湿前颗粒呈片状层层叠加,集聚体按面-面接触,碎屑颗粒零星分布,脱湿后孔隙收缩;压实度90%冻干土样中孔隙数量明显要比压实度100%土样要多,碎屑颗粒也有所增加;压实度70%土样脱湿后有较多的连通微细裂隙。

倍数2000电镜图片中,压实度100%土样脱湿前叠在一起,片与片状集聚体表面较平直,脱湿后出现很多的微小孔隙;压实度90%冻干土样中有片状颗粒及其集聚体,集聚体按面-面、面-边、边-边接触,碎屑颗粒较多,孔隙主要为集聚体之间的孔隙,孔隙数量明显要比压实度100%土样要多;压实度70%土样脱湿后片状集聚体呈现卷曲而起翘,有狭缝形孔隙。

倍数 5000 电镜图片中,脱湿前后结构单元体有明显的差别,脱湿前呈片状且连接紧密、片状表面平直,脱湿后颗粒边缘更加清晰可见、片状呈卷曲状,且片状连接有脱离的迹象。

(a)

(b)

(c)

(d)

(e)

(f)

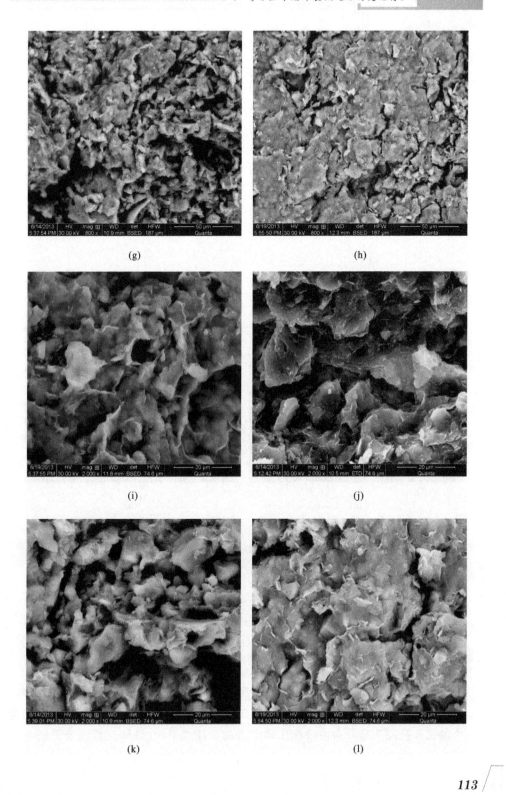

(g)

(h)

(i)

(j)

(k)

(l)

(m)　　　　　　　　　　　　　　(n)

(o)　　　　　　　　　　　　　　(p)

图 4-28　同种土样脱湿前后不同倍数电镜图片

(a)压实度 100％土样(冻干)倍数 100;(b)压实度 100％土样(脱湿)倍数 100;

(c)压实度 90％土样(冻干)倍数 100;(d)压实度 70％土样(脱湿)倍数 100;

(e)压实度 100％土样(冻干)倍数 800;(f)压实度 100％土样(脱湿)倍数 800;

(g)压实度 90％土样(冻干)倍数 800;(h)压实度 70％土样(脱湿)倍数 800;

(i)压实度 100％土样(冻干)倍数 2000;(j)压实度 100％土样(脱湿)倍数 2000;

(k)压实度 90％土样(冻干)倍数 2000;(l)d 压实度 70％土样(脱湿)倍数 2000;

(m)压实度 100％土样(冻干)倍数 5000;(n)压实度 100％土样(脱湿)倍数 5000;

(o)压实度 90％土样(冻干)倍数 5000;(p)压实度 70％土样(脱湿)倍数 5000

　　总之,相同的含水率不同的压实度重塑膨胀土样孔隙分布形式有较大差异。随压实度的减小孔径分布曲线呈现单峰到多峰、峰值由低到高的发展趋势,压实度较小的试样孔隙孔径分布曲线在压实度大的试样之上,且波峰位置随着干密度的减小越来越往大孔径方向偏移；孔径小于 $1\mu m$ 区域各种压实度下的压汞曲线几乎一致，说明在初始含水量相同的情况下，压实度对土中小孔隙分布的影响很小，集聚体内部孔隙的大小与分布保持着相对的稳定，也就是说，压实度的变化对于土中微结构孔隙几乎没有影响，压实度升高使得土体内部压缩挤密，孔隙变形主要发生在黏土颗粒集聚体之间，集聚体及碎屑颗粒之间更加紧密，从而使大孔隙的平均孔径减小，压实度大的试样大孔隙所占体积较压实度小的试样要少；膨胀土脱湿干燥时孔隙收缩，土中的大孔隙变为小孔隙，导致小孔隙和超微孔隙增多，土样中的总孔隙体积减小，脱湿后土样曲线多为单峰曲线，单峰随压实度的减小相应向右（大孔隙方向）移动，峰值随压实度的减小而增加，脱湿前后曲线发生变化最大的是孔径大于 $10\mu m$ 区域，其次是孔径小于 $0.1\mu m$ 区域，孔径 $0.1\sim10\mu m$ 区域的孔隙变化较小，说明土样脱湿前后的内部结构虽然发生了很大的变化，但是同种环境下脱湿对不同压实度的土样造成的影响是相同的，但是影响程度不同。脱湿后大于 $10\mu m$ 孔径的孔隙累积体积与总孔隙体积之比明显降低，降低程度随压实度的增加而增加。

4.5　不同脱湿环境下重塑膨胀土样微观试验

将取回的南阳膨胀土风干后过 2mm 网筛，加入适量的水配制成初始含水率为 35% 的土样，将配制好的土制成压实度为 80% 渗透环刀样，随后进行抽气饱和，将饱和后的土样从渗透环刀中推出，再用美工刀切出 10 个长、宽、高为 1cm、1cm、4cm 的长方体，按表 4-6 中所示环境进行脱湿。

表 4-6　　　　　不同脱湿环境下重塑膨胀土样微观试验方案

编号	含水率/%	压实度/%	脱湿环境		试验类型	
			温度/℃	湿度/%	压汞	电镜
105			106		√	
106			75		√	
3508-风干	35	80	风干		√	√
3508			冻干		√	√
104			45	35	√	√

（1）压汞试验与分析

以下为初始含水率为 35%、压实度为 80% 重塑土样不同脱湿环境下脱湿的压汞试验结果，3508 为冻干，104 为在温度 45℃、湿度 35% 恒温恒湿箱中脱湿，105 为在 106℃ 烘箱中烘干，106 为在 75℃ 烘箱中烘干，3508-风干为在室温环境下风干。

由图 4-29～图 4-31 可以看出：相同膨胀土用不同方式脱湿后其内部孔隙变化各不相同,孔隙分布曲线的差异性很大,脱湿后的孔隙变化主要发生在孔径大于 $7\mu m$ 以上的孔隙。

图 4-29 不同孔隙孔径分布曲线中 75℃脱湿曲线单峰峰值达到 0.42mL/g,对应孔径 $7.7\mu m$,106℃脱湿曲线为三峰曲线,其中最高峰值为 0.085mL/g,对应孔径 $92\mu m$,风干样的曲线为三峰曲线,其中最高峰值为 0.042mL/g,对应孔径 $16\mu m$,冻干样为单峰曲线,恒温恒湿下脱湿样中孔径大于 $1\mu m$ 的孔隙体积极小。

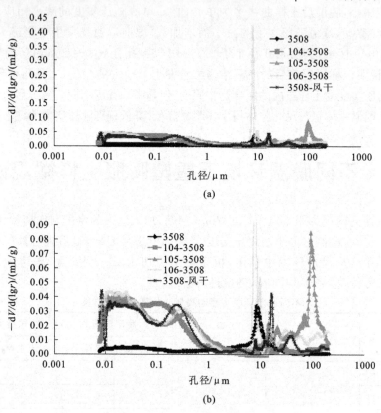

图 4-29　不同孔隙孔径分布

（a）不同孔隙孔径分布原图；（b）不同孔隙孔径分布局部放大图

从图 4-30 和图 4-31 中可以看出在低温下（风干样、45℃）脱湿的土样内部大于某孔径的孔隙累积体积曲线基本一致,大于某孔径的孔隙累积体积与总孔隙体积的百分比曲线分布接近,高温（105℃、75℃）下脱湿的土样内部大于某孔径的孔隙累积体积曲线基本一致,大于某孔径的孔隙累积体积与总孔隙体积的百分比曲线分布接近。高温下大于某孔径的孔隙累积体积曲线位于低温下大于某孔径的孔隙累积体积曲线之上。

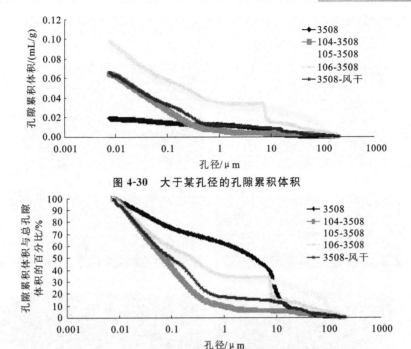

图 4-30 大于某孔径的孔隙累积体积

图 4-31 大于某孔径的孔隙累积体积与总孔隙体积的百分比

图 4-32 中不同脱湿环境下重塑膨胀土样总孔隙累积体积大致是随温度升高而增加的。低温脱湿干燥的土样测定的孔径小于 $1\mu m$ 孔隙体积占总孔隙体积的比例要高于高温脱湿干燥的土样，而孔径大于 $1\mu m$ 的孔隙则相反。

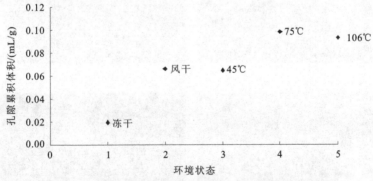

图 4-32 不同脱湿环境下重塑膨胀土样总孔隙累积体积

（2）扫描电镜试验结果

根据扫描电镜图片（图 4-33）中的微结构形态，不同脱湿环境下脱湿使得孔隙收缩，土中的大孔隙变为小孔隙，导致小孔隙和超微孔隙增多，但土样内部结构形态并无太大差异，黏土颗粒呈片状颗粒，集聚体主要按面-面、面-边接触，脱湿环境影响体现在集聚体之间的紧密程度不同，不同集聚体间孔隙大小也有所不同，脱湿过程越缓慢,结构越紧密,集聚体之间的孔隙就越小,脱湿过程越快则导致土颗粒没有足够的时间相互聚集,孔隙较大。

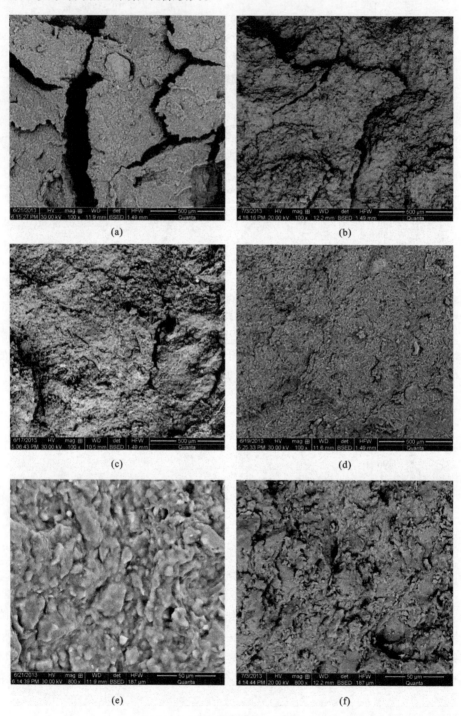

(a)

(b)

(c)

(d)

(e)

(f)

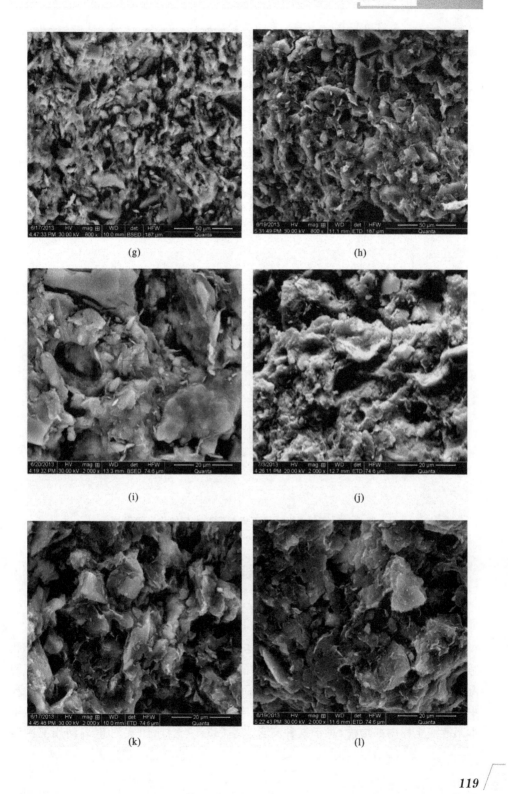

(g)

(h)

(i)

(j)

(k)

(l)

(m)　　　　　　　　　　　　　　(n)

(o)　　　　　　　　　　　　　　(p)

图 4-33　不同脱湿环境下重塑膨胀土样扫描电镜图片

(a)冻干样 3508(倍数 100);(b)3508-风干(倍数 100);(c)恒温恒湿箱脱湿 104-3508(倍数 100);

(d)高温(105℃)106-3508(倍数 100);(e)冻干样 3508(倍数 800);(f)3508-风干(倍数 800);

(g)恒温恒湿箱脱湿 104-3508(倍数 800);(h)高温(105℃)106-3508(倍数 800);

(i)冻干样 3508(倍数 2000);(j)3508-风干(倍数 2000);(k)恒温恒湿箱脱湿 104-3508(倍数 2000);

(l)高温(105℃)106-3508(倍数 2000);(m)冻干样 3508(倍数 5000);(n)3508-风干(倍数 5000);

(o)恒温恒湿箱脱湿 104-3508(倍数 5000);(p)高温(105℃)106-3508(倍数 5000)

　　总之,膨胀土在不同脱湿环境下脱湿干燥时孔隙收缩,土中的大孔隙变为小孔隙,导致小孔隙和超微孔隙增多,土样中的总孔隙体积减小,总孔隙累积体积随脱湿温度升高而增加,高温脱湿时土体表面和内部会出现微裂隙,冻干法干燥过程中,水分会直接从非晶态的冰升华排出,冻干时并不会导致土体中的孔隙收缩,基本不改变土样内部结构,对于这种高含水率(35%)土样,压实到80%的压实度时基本上达到该含水率下的最大压实度,制成的土样中孔隙分布均匀,冷冻干燥后形成许多封闭的孔隙,因此测得的总孔隙远小于其他的样。

4.6 压汞试验模型分析

随着压汞试验和扫描电镜试验不断发展和成熟,越来越多的研究者开始关注土体微观结构在各种条件下的变化规律,并且在这方面已经有了大量研究,但对脱湿环境、压实度和初始含水率的变化对膨胀土微观结构的影响目前仍缺少研究成果。随着压汞试验被广泛应用到土体微观结构研究中,对压汞试验数据进行分析和处理的模型也越来越多,Simms 等[5]在压汞试验的基础上提出了考虑孔隙分布和演化的土水特征曲线模型。Cuisinier 等[6]则利用压汞试验数据定性地分析了水力加载和力学加载时土体微观结构的演变规律。Li 等[7]使用压汞试验和扫描电镜试验详细研究了力学加载时土体微观结构的演化,并为脱湿后土体微观结构的变化提出了定量公式。黄启迪等[8]在 Li 等提出的公式的基础上建立了一种考虑参数演化的孔隙分布曲线模型,并利用试验数据验证了该数学模型可以较好地预测孔隙分布曲线的变化,便于再现脱湿过程中土体内部微观结构的演变,为压汞试验数据分析提供了一种定量分析的手段。下面将利用该模型对不同脱湿环境、压实度和初始含水率膨胀土内部微观结构演变进行分析和研究。

根据黄启迪等的研究,他们建立的孔隙分布曲线模型如下:

$$f(r) = \frac{\mathrm{d}(v(r))}{\mathrm{d}r} \tag{4-1}$$

式中:$f(r)$ 为孔隙分布函数,$v(r)$ 为 1g 干土中孔径大于 r 的汞累积体积(mL/g)。

这个曲线可以通过压汞试验数据获得,黄启迪等在此模型的基础上提出了三个不同的参数,用来描述脱湿过程土体微观结构的变化规律,这三个参数分别为平移量 κ、压缩量 ξ 以及分散程度 η,其中平移量 κ 为曲线的平移量,表示孔隙分布曲线平均半径的变化,$\kappa > 0$ 时,平均孔径增大,$\kappa < 0$ 时,平均孔径减小。压缩量 ξ 表示总孔隙变化中宏观孔隙变化所占的比例。分散程度 η 表征的是模型曲线的离散程度,当 $\eta > 1$ 时,孔隙半径分布范围较大,而 $\eta < 1$ 时,则孔隙半径分布范围较集中,在平均孔径附近分布。平移量 κ、压缩量 ξ 和分散程度 η 根据以下公式得到:

$$\int_0^{+\infty} f(r)\mathrm{d}r = \int_R^{+\infty} Bf_M(r)\mathrm{d}r + \int_0^R bf_m(r)\mathrm{d}r \tag{4-2}$$

$$Bf_M(r) = \frac{B}{\sqrt{2\pi}\sigma_M r} \exp\left[-\frac{(\ln r - \mu_M)^2}{2\sigma_M^2}\right], \quad r \geqslant R \tag{4-3}$$

$$bf_m(r) = \frac{b}{\sqrt{2\pi}\sigma_m r} \exp\left[-\frac{(\ln r - \mu_m)^2}{2\sigma_m^2}\right], \quad r < R \qquad (4\text{-}4)$$

$$B = \int_R^{+\infty} f_M(r)\,\mathrm{d}r \qquad (4\text{-}5)$$

$$b = \int_0^R f_m(r)\,\mathrm{d}r \qquad (4\text{-}6)$$

式中:R 为宏观孔隙和微观孔隙的分界孔径;B 和 b 分别为宏观孔隙和微观孔隙分布曲线与横坐标围成的图形面积;μ 表示孔隙的平均半径;σ 为孔隙分布曲线的分散程度。

根据以上公式可以得到 B,b,μ 和 σ,然后平移量 κ,压缩量 ξ 和分散程度 η 可以根据这几个参数计算得到,计算公式为:

$$\kappa = \mu - \mu_0 \qquad (4\text{-}7)$$

$$\eta = \frac{\sigma}{\sigma_0} \qquad (4\text{-}8)$$

$$\xi = \frac{b}{b_0} \qquad (4\text{-}9)$$

式中:下标 0 表示初始状态,无下标的表示当前状态。

从计算公式可以发现,这个模型实质就是使用正态分布来近似模拟孔隙分布曲线,然后利用正态分布的均值和标准差作为参数来描述微观孔隙的变化规律。下面利用平移量 κ、压缩量 ξ 和分散程度 η 三个参数来分析脱湿环境、压实度和初始含水率的变化对于膨胀土脱湿后微观结构的影响以及演变规律。

(1)不同脱湿环境膨胀土压汞试验结果与分析

根据压汞试验所获得的数据,得到不同脱湿环境膨胀土孔隙孔径分布曲线图,如图 4-34 所示。

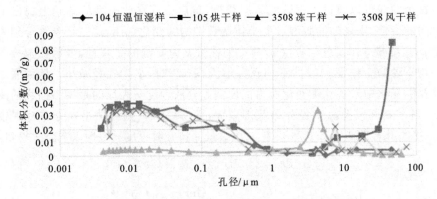

图 4-34　不同脱湿环境膨胀土孔隙孔径分布曲线图

从图 4-34 中可以看出不同脱湿环境孔隙孔径分布曲线基本呈现出单峰或者双峰，适合使用正态概率密度函数对其进行描述。目前，已经有大量研究成果表明冻干法脱湿后的土体和脱湿前的土体内部结构基本相同，因此这里可以近似将冻干法脱湿土样视作脱湿前的原始状态土样，即使用冻干法土样压汞试验数据来得到 μ_0、σ_0 和 b_0。不同脱湿环境土样计算得到的 κ、ξ 和 η 列于表 4-7：

表 4-7　　　　不同脱湿环境膨胀土微观结构模型参数计算结果

土样	κ	ξ	η
104 恒温恒湿样	-2.56115176	3.41269841	2.46348284
105 烘干样	6.24595379	4.90476190	2.35085893
3508 风干样	-1.38852249	3.49735450	2.18112037

从计算结果可以发现，104 恒温恒湿样和 3508 风干样的平移量 κ 均小于 0，而 105 烘干样平移量 κ 大于 0，说明恒温恒湿法和风干法脱湿后土体内部孔隙平均孔径减小，孔隙发生闭合，脱湿过程中原本占优势的中小孔隙缩小，而转变为更小的孔隙和微观孔隙，而烘干法脱湿后内部孔隙平均孔径增大，脱湿过程中占优势的中小孔隙转变为大孔隙。所有脱湿法的压缩量 ξ 均大于 1，说明三种脱湿环境均会使总孔隙体积增大，这主要是因为中小孔隙数量增多，虽然大孔隙减少，但是中小孔隙增加的孔隙体积比大孔隙减小的孔隙体积多，导致了总孔隙体积增大。从表 4-7 中还发现所有脱湿法的分散程度 η 均大于 1，这说明孔隙分布曲线趋于扁平，孔隙半径的分布范围变大，孔隙孔径变得大小不一，表明各脱湿环境脱湿均使得孔隙分布均匀，不再集中在平均孔径附近。这主要是因为在脱湿过程中一部分大孔隙发生收缩而转变为了中小孔隙，另一部分大孔隙则没有发生改变，因此使得孔径分布范围扩大。

(2)不同压实度膨胀土压汞试验结果与分析

按照前文同样的方法和步骤，根据压汞试验数据得到不同压实度膨胀土孔隙分布曲线图，如图 4-35 所示。

根据压汞试验数据得到了不同压实度膨胀土孔隙分布曲线后，将压实度最低的土样视为初始状态的土样，即以 204（70％压实度）土样作为初始状态，利用 204 土样孔隙孔径分布曲线来计算 μ_0、σ_0 和 b_0，将计算得到的 κ、ξ 和 η 的结果列于表 4-8 中：

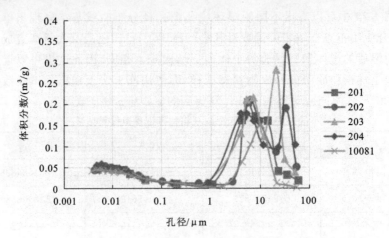

图 4-35　不同压实度膨胀土孔隙孔径分布曲线

表 4-8　　　　　　不同压实度膨胀土微观结构模型参数计算结果

土样	κ	ξ	η
10081(100％压实度)	−11.5121604	0.50482196	0.48136587
201(85％压实度)	−8.21315958	0.76372404	0.80360578
202(80％压实度)	−4.2571552	0.91913947	0.81953543
203(75％压实度)	−5.7553161	0.96216617	1.00769344

　　将表 4-8 中数据绘制成关系图,如图 4-36 所示。

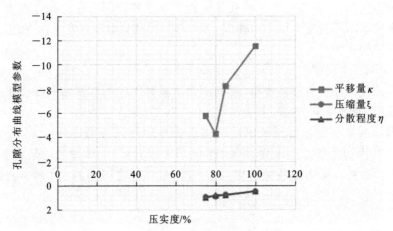

图 4-36　压实度与模型参数关系图

从图 4-36 中可以看出,随着压实度的增大,平移量 κ 均小于 0,且压实度越高,κ 呈现出先增大后减小的变化趋势,而压实度增加,压缩量 ξ 均小于 1,且随着压实度的增加而减小,除了与 204 土样压实度最接近的 203 土样分散程度 η 在 1 附近以外,其他试验土样的分散程度 η 都小于 1,且也随着压实度的增加而减小。

平移量 κ 小于 0,意味着平均孔隙大小在减小,大孔隙在向小孔隙转变,平移量 κ 越小,转变得越多,从压实度增加、平移量 κ 越来越小可以看出,随着压实度的增加,土体内部大孔隙向小孔隙转变得越多,平均孔径朝着微小孔径方向转移。

压缩量 ξ 小于 1 意味着总孔隙体积在减小,且压缩量 ξ 越小,总孔隙体积就越小,因此随着压实度的增加,土体内部总孔隙体积在不断减小,这是因为压实度越高,大孔隙所占的比例越少,微小孔隙数量越多,孔隙总体积呈现出不断减小的趋势。

分散程度 η 表征的是孔径分布特性,η 小于 1,意味着孔径分布范围缩小,分布越集中,主要分布在平均孔径附近,而 η 大于 1,则意味孔径分布分散,因此随着压实度的增加,分散程度 η 越来越小,且基本都小于 1,这说明压实度越大,膨胀土内部孔径分布越集中,这是因为越来越多的大孔隙转变成中小孔隙,而压实度对中小孔隙的影响比对大孔隙的影响小,中小孔隙少量转变为微孔隙,从而使得孔径集中分布在中小孔隙附近。

(3)不同初始含水率膨胀土压汞试验结果与分析

同样使用压汞试验数据,作出不同初始含水率膨胀土脱湿后的孔隙孔径分布特征曲线,如图 4-37 所示。

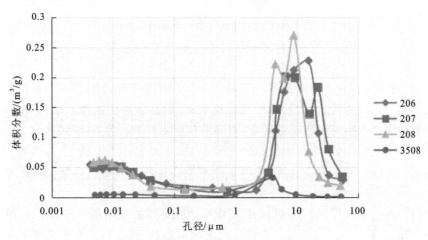

图 4-37　不同初始含水率膨胀土孔隙孔径分布曲线图

将不同初始含水率膨胀土脱湿后的压汞试验数据绘制成孔隙分布曲线后,根据曲线计算三个参数 κ、ξ 和 η 的值,将初始含水率最低的土样(208 土样)作为原始

土样来计算 μ_0、σ_0 和 b_0 的值,计算结果列于表 4-9 中。

表 4-9 不同初始含水率膨胀土微观结构模型参数计算结果

土样	κ	ξ	η
207(20%)	4.09193719	1.07352941	0.87602809
206(25%)	3.19251199	1.07698962	0.87250923
3508(35%)	−3.03043229	0.08174740	0.08631254

将表 4-9 中数据绘制成关系图,如图 4-38 所示。

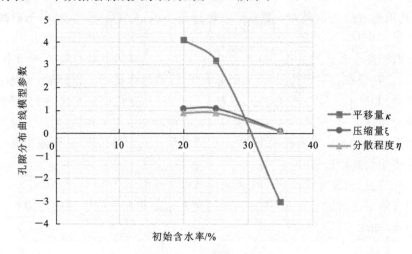

图 4-38 初始含水率与模型参数关系图

从图 4-38 可以发现,平移量 κ 与初始含水率基本呈现一个递减的关系,但是 206 土样和 207 土样的平移量 κ 大于 0,而 3508 土样的平移量 κ 小于 0,因此该过程可分为两阶段:第一阶段为平移量 κ 从大于 0 的数减少到 0,这个阶段试样的平均孔径比原始试样大,即大孔隙所占比例更高,但是随着初始含水率的增加,大孔隙开始向中小孔隙甚至微孔隙转变,直到平移量 κ 等于 0 为止,平均孔径大小与原始试样平均孔径一致;第二阶段为平移量 κ 从 0 减小到小于 0 的数,这阶段大孔隙继续转变为中小孔隙和微孔隙,此时试样平均孔径已经开始比原始试样的平均孔径小。

同样从表 4-9 中可以发现,207 试样和 206 试样的压缩量 ξ 均大于 1,而 3508 试样的压缩量 ξ 小于 1,即随着初始含水率的增加,膨胀土内部总孔隙体积先有一个微小的增加,然后开始迅速减小,这个过程存在一个最大总孔隙体积所对应的初始含水率,将其称为最大孔隙体积初始含水率,这个值可以通过试验来获得。

尽管分散程度 η 都小于 1,但是 206 土样到 3508 土样之间有个急剧的减小,因此随着初始含水率的增加,孔径分布越来越集中,越来越多的孔隙孔径向平均孔径靠拢,且25%初始含水率和35%初始含水率之间存在一个分散效果最明显的初始含水率的值,可以称为最大分散初始含水率,这个值可以通过试验来求得。

目前由于试验数据的限制,无法将最大孔隙体积初始含水率和最大分散初始含水率的值计算出来,但是可以作为以后的研究方向。

4.6　本章小结

本章采用扫描电镜法和压汞法相结合的方法对膨胀土脱湿前后的微结构开展研究,主要是对原状土样经脱湿后内部孔隙变化,相同的压实度不同的含水率重塑膨胀土样脱湿后内部孔隙变化,相同的含水率不同的压实度重塑膨胀土样脱湿后内部孔隙变化,相同重塑膨胀土样在不同温度环境重塑膨胀土样脱湿后内部孔隙变化进行研究。主要得出以下结论:

①原状膨胀土样浸水饱和后膨胀土发生膨胀,内部孔隙变小,孔隙变化主要集中在大于 $1\mu m$ 和小于 $0.1\mu m$ 的区域,饱和后总孔隙体积减小,但饱和前后孔隙孔径分布曲线形态基本相似。

②原状膨胀土样恒温恒湿箱脱湿后,微观结构变化剧烈,总孔隙体积急剧减小,但大孔隙所占相对比例急剧增加。

③相同的压实度不同的初始含水率重塑膨胀土样总累积体积基本相同,随初始含水率降低,土样内部孔隙分布由一种孔径孔隙占主导向多种孔径孔隙共同主导的趋势发展,土体内部微观结构更加复杂,这种复杂变化主要发生在大孔径孔隙,而微小孔径的孔隙变化很小。

④脱湿后土体内部孔隙体积及分布变化明显,土样总累积体积随初始含水率升高而降低,脱湿样不同孔隙孔径分布曲线相对于冻干样最大的区别在于曲线中的峰值被降低,波峰向大孔径方向移动,试样在脱湿过程中发生了较大的收缩,使得土样总累积体积明显减少。

⑤相同的含水率不同的压实度重塑膨胀土样孔隙分布形式有较大差异。随压实度的减小孔径分布曲线呈现单峰到多峰、峰值由低到高的发展趋势,压实度较小的试样孔隙孔径分布曲线在压实度大的试样之上,且波峰位置随着干密度的减小越来越往大孔径方向偏移,压实度的变化对土中微结构孔隙几乎没有影响,压实度升高使得土体内部压缩挤密,孔隙变形主要发生在黏土颗粒集聚体之间,集聚体及碎屑颗粒之间更加紧密,从而使大孔隙的平均孔径减小,压实度大的试样大孔隙所占体积较压实度小的试样要少。

⑥相同的含水率不同的压实度重塑膨胀土样脱湿干燥时孔隙收缩,土中的大孔隙变为小孔隙,导致小孔隙和超微孔隙增多,土样中的总孔隙体积减小,脱湿后土样曲线多为单峰曲线,单峰随压实度的减小相应向右(大孔隙方向)移动,峰值随压实度的减小而增加,土样脱湿前后的内部结构虽然发生了很大的变化,但是同种环境下脱湿对不同压实度的土样造成的影响是相同的,只是影响程度不同。

⑦重塑膨胀土样在不同脱湿环境下脱湿干燥时孔隙收缩,土中的大孔隙变为小孔隙,导致小孔隙和超微孔隙增多,土样中的总孔隙体积减小,总孔隙累积体积随脱湿温度升高而增加,高温脱湿时土体表面和内部会出现微裂隙,在冻干法干燥过程中,水分会直接从非晶态的冰升华排出,冻干时并不会导致土体中的孔隙收缩,基本不改变土样内部结构。

⑧南阳重塑膨胀土的孔隙主要是黏土集聚体之间的孔隙和黏土集聚体内部片状矿物叠聚而形成的微小孔隙,表面特征复杂,孔隙之间的连通情况不好。土样内部黏土颗粒呈片状,集聚体按面-面、面-边接触,集聚体内部黏土矿物片之间主要以面-面接触为主,脱湿前后结构单元体有明显的差别,脱湿前呈片状且连接紧密、片状表面平直,脱湿后颗粒边缘更加清晰可见、片状呈卷曲状,且片状连接有脱离的迹象。

⑨在压汞试验模型分析中,根据平移量 κ 的变化,将微观孔隙随着初始含水率的变化过程分成了两个阶段:一个是平均孔径大于初始平均孔径的阶段,一个是平均孔径小于初始平均孔径的阶段。而根据压缩量 ξ 的变化,发现存在一个初始含水率的值,使得总孔隙体积最大,并将该初始含水率称为最大孔隙体积初始含水率。然后根据分散度 η,发现也存在一个初始含水率使得分散效果最明显,并将该初始含水率称为最大分散初始含水率。

◑ 注释

[1] 叶为民,钱丽鑫,陈宝,等.高压实高庙子膨润土的微观结构特征[J].同济大学学报,2009,37(1):31-33.

[2] 王明光,刘太乾,赵丹.浅谈风干法和冻干法制备微结构试验用土样[J].山西建筑,2010,36(1):111-112.

[3] 傅喆,叶为民,万敏.温控下高压实膨润土持水特性及预测研究[J].低温建筑技术,2009(11):78-81.

[4] 周晖,房营光,禹长江.广州软土固结过程微观结构的显微观测与分析[J].石力学与工程学报,2009,28(增刊2):3830-3837.

[5] Simms P H,Yanful E K. Predicting Soil—Water Characteristic Curves of

Compacted Plastic Soils from Measured Pore-size Distributions[J]. Gotechnique，2002,52(4):269-278.

[6]Cuisinier O,Laloui L. Fabric Evolution During Hydromechanical Loading of a Compacted Silt[J]. International Journal for Numerical & Analytical Methods in Geomechanics,2004,28(6):483-499.

[7]Li X,Zhang L M. Characterization of Dual-structure Pore-size Distribution of Soil[J]. Canadian Geotechnical Journal,2009,46(46):129-141.

[8]黄启迪,蔡国庆,赵成刚. 非饱和土干化过程微观结构演化规律研究[J]. 岩土力学,2017,38(1):165-173.

5　微观试验数据分形研究

5.1　压汞试验结果分形模型与计算方法

目前,分形几何在岩土领域里的应用主要集中在计算各种土体的分形维数,并从中得到土体微观结构信息,比如孔径分布特征和微观孔隙界定等。其中,计算分形维数的方法种类繁多,并没有统一的规定和标准,不同的求解方法可能得出完全不同的结论,为了确保结论的正确性,这里采用多种分形模型分别计算孔隙体积分布分形维数,并探讨不同模型之间的优缺点以及联系。

根据压汞试验数据,这里将采用三种分形维数计算模型,第一种是简单的以$\ln V(\leqslant r)$、$\ln r$为纵横坐标作散点图,然后进行直线拟合,得到斜率k,则分形维数$D=3-k$,这里$V(\leqslant r)$表示孔径小于等于r的孔隙累积体积。第二种求解方法是以$\ln V(\geqslant r)$、$\ln r$为纵横轴作散点图,然后进行直线拟合,得到斜率k,则分形维数$D=-k$,其中$V(\geqslant r)$表示孔径大于等于r的孔隙累积体积。第三种求解方法则是以$\ln[1-V(\geqslant r)/V_a]$、$\ln(r/L)$为纵轴和横轴作散点图,然后进行直线拟合,直线斜率为k,则分形维数$D=3-k$,其中$V(\geqslant r)$和第二种求解方法表示的意义一样,V_a为考虑范围内样品总体积,这里直接取样品总体积,L为考虑范围尺度,这里直接取样品最大直径。需要说明的是,L的取值其实与最终分形维数的计算结果无关,图像上体现为图形的左右平移,而分形维数的计算只需要斜率k。

这里对第三种求解方法进行推导,过程如下。

根据分形理论可知,用尺度r去测量物体,则得到的数量$N(r)$与尺度r之间的关系为:

$$N(r) = Cr^{-D} \tag{5-1}$$

根据式(5-1)可以得到$N(r)$个孔隙的总体积$V(r)$的计算公式:

$$V(r) = N(r)r^3 = Cr^{3-D} \tag{5-2}$$

因此土体的孔隙率ϕ则可表示为:

$$\phi = \frac{V(r)}{L^3} = \frac{Cr^{3-D}}{L^3} = CL^{-D}\left(\frac{r}{L}\right)^{3-D} \tag{5-3}$$

设$C=CL^{-D}$,则式(5-3)变为:

$$\phi = C\left(\frac{r}{L}\right)^{3-D} \tag{5-4}$$

根据 Menger 海绵模型,很明显,当$r=L$时,$\phi=1$,故$C=1$。因此,式(5-4)则变为:

$$\phi = \left(\frac{r}{L}\right)^{3-D} \tag{5-5}$$

观察海绵模型可以发现,用r的观测尺度去观测时,只能发现粒径大于等于r的颗粒,其体积为总体积V_a减去相应的孔隙体积:

$$V(\geqslant r) = V_a(1-\phi) = V_a\left[1-\left(\frac{r}{L}\right)^{3-D}\right] \tag{5-6}$$

两边同时取自然对数,则得到:

$$\ln\left[1-V(\geqslant r)/V_a\right] = (3-D)\ln(r/L) \tag{5-7}$$

所以分形维数为:

$$D = 3 - k \tag{5-8}$$

式中:k为直线斜率。

5.2　压汞试验分形维数计算

(1)不同脱湿环境孔隙分形维数计算

图 5-1 为不同脱湿环境下膨胀土孔隙体积百分含量曲线,其中编号 105 和 106 试样采用的烘干法脱湿,104 为恒温恒湿法脱湿,3508 为冻干法脱湿,从图 5-1 中我们可以得到以下几点结论:

①冻干法具有能将土体失水收缩的影响降低到最小的优点,所以冻干法脱湿后的试样最能反映土体的天然结构形貌,最接近原状土样的内部结构,因此这里可以近似将冻干法脱湿后的试样看作原状土样,后面的分形维数研究也能证明冻干法试样的内部结构最接近土样的天然结构。

②以编号3508试样为参考对象,从图5-1中可以发现烘干法和恒温恒湿法试样中的小孔隙数量明显增多,其中恒温恒湿法试样的小孔隙数量增加最多,这是因为膨胀土具有吸水膨胀、失水收缩的特性,随着脱湿过程的进行,土体收缩程度越来越大,大孔隙开始向小孔隙转变,脱湿过程持续越久,孔隙转变越充分,这就是恒温恒湿法试样小孔隙数量比烘干法多的原因。106试样小孔隙数量略多于105试样也证明了这一点,其中106试样是在75℃温度下进行烘干,105试样是在105℃温度下进行的烘干,所以106试样脱湿过程持续时间比105试样更长。

③孔径低于1μm时,试样105和试样106的曲线基本重合,说明在烘干法中温度的变化对小孔隙影响很小,主要影响孔径大于1μm中的大孔隙,温度越低,大孔隙越少。

图5-2为图5-1横纵坐标都取对数后得到的曲线图,从图5-2中可以发现编号3508试样曲线最接近折线,说明3508试样具有最显著的统计自相似性特征,即采用冻干法的试样具有最显著的统计自相似性特征,而已有大量研究表明,膨胀土是具有统计自相似性和多重分维特征的土体,这可以说明冻干法脱湿后的试样最能反映土体的天然结构形貌,最接近原状土样的内部结构。可得:

①根据前人的研究成果,这里可以依据折线的拐点来对孔径大小进行划分,这里以冻干法试样的曲线来对南阳膨胀土孔径大小进行划分,图5-2中的拐点对应的直径分别为4μm、0.02μm,所以划分3种类型:大孔隙,$r \geqslant 4\mu m$;中小孔隙,$0.02\mu m < r < 4\mu m$;微孔隙,$r \leqslant 0.02\mu m$。

②随着脱湿环境的变化,膨胀土的统计自相似性和多重分维特征开始被破坏,这表明不同脱湿环境对膨胀土内部微观结构有着很大的影响,分形维数的计算也会开始变得不准确,其中冻干法影响最小。

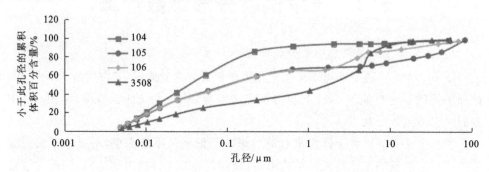

图5-1 不同脱湿环境下膨胀土孔隙体积百分含量曲线

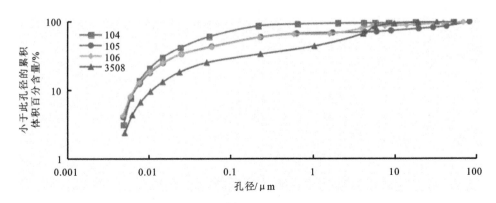

图 5-2 不同脱湿环境膨胀土孔隙体积百分含量对数曲线

根据 5.1 节分形维数求解方法计算烘干脱湿后膨胀土孔隙体积分形维数,计算结果如图 5-3 所示。图 5-3 为 105℃温度下进行烘干的土样计算结果,计算得到的分形维数分别为 2.6791、0.1899、2.9897,相关系数分别为 0.7678、0.9832、0.9698。图 5-4 为 75℃下进行烘干的土样计算结果,计算得到的分形维数分别为 2.7230、0.2848、2.9882,相关系数分别为 0.8762、0.9691、0.9846。图 5-5 为恒温恒湿法脱湿后膨胀土的分形维数计算曲线图,其中采用的温度和湿度分别为 45℃和 35％,三种方法计算的分形维数分别为 2.7090、0.4262、2.9905,相关系数分别为 0.8158、0.9916、0.9337。图 5-6 为冻干法脱湿后膨胀土分形维数计算曲线,计算得到的分形维数分别为 2.6545、0.3899、2.9982,相关系数为 0.9414、0.9024、0.9862。

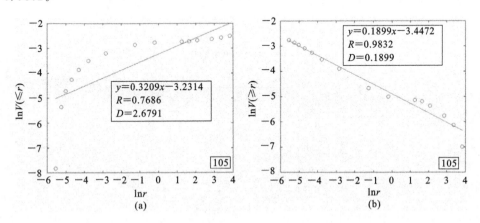

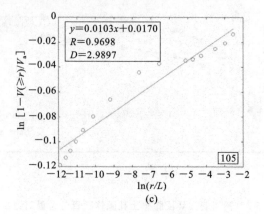

图 5-3　105℃烘干后膨胀土分形维数计算曲线

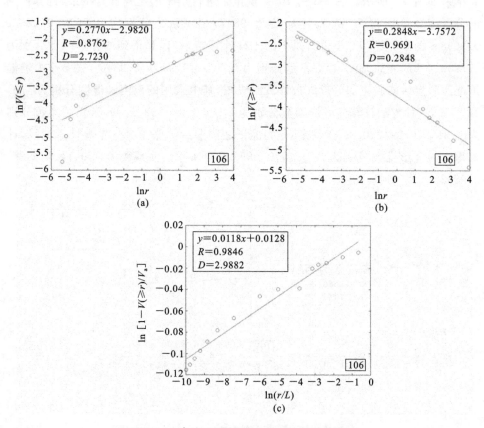

图 5-4　75℃烘干后膨胀土分形维数计算曲线

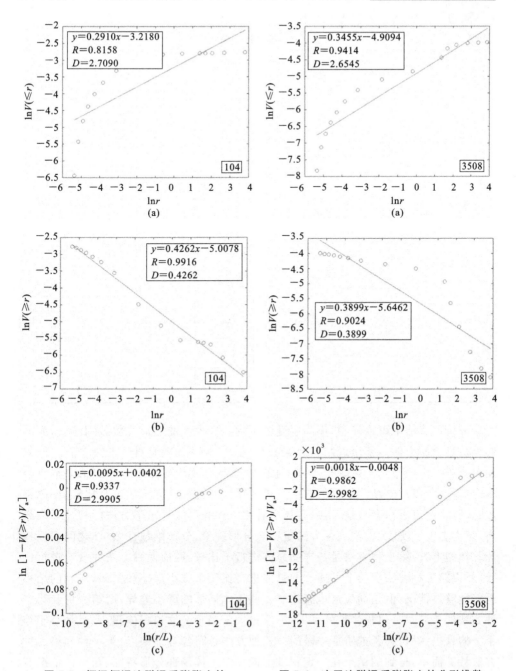

图 5-5 恒温恒湿法脱湿后膨胀土的
分形维数计算曲线

图 5-6 冻干法脱湿后膨胀土的分形维数
计算曲线

将以上计算结果列于表 5-1 中：

表 5-1　　　　　　　　　　　分形维数计算表

编号	含水率/%	压实度/%	脱湿环境		试验结果	
			温度/℃	湿度/%	分形维数	相关系数
105			105		2.6791	0.7678
					0.1899	0.9832
	35	80			2.9897	0.9698
106			75		2.7230	0.8762
					0.2848	0.9691
					2.9882	0.9846
3508			冻干		2.6545	0.9414
					0.3899	0.9024
	35	80			2.9982	0.9862
104			45	35	2.7090	0.8158
					0.4262	0.9916
					2.9905	0.9337

分析计算结果可以发现，不同温度烘干的土样得到的分形维数差别不大，而分形维数是衡量土体内部微观结构复杂程度的一个指标，这说明烘干法中温度的差异对膨胀土微观结构的影响很小，并且三种分形维数计算方法得到的结果都符合这个结论，所以这个结论是可信的。这里还可以对三种计算方法进行比较，相关系数越高，表示直线拟合得越好，从整体上看第三种和第二种求解方法的相关系数最高，结果更接近实际，而第三种方法更符合分形理论，分形维数在 2～3 之间。但从计算模型上看，第三种方法是与样品总体进行了比较，而前两种方法并没有进行比较，所以第三种方法实质上是通过与总体进行比较来减小误差和偏离，得到的结果更接近整体情况，但是同时这也忽略了一些土体局部的微小差异，而第一种和第二种方法的差异只是累积体积的不同，一个是大于等于 r 的累积体积，一个是小于等于 r 的累积体积，两者本质是一样的。三种方法之间各有优缺点，第一种和第二种方法计算简单，得到的结果在一定程度上能反映土体局部分形特征，与整体情况有一定的差异，而第三种方法则更能反映整体情况，相关系数高，但是同时也忽略了很多局部上的差异，三种方法各有优劣，互相补充。

通过对各试样的相关系数取平均值可以得到，冻干法的平均相关系数为

0.94333,恒温恒湿法的平均相关系数为 0.9137,105℃烘干后试样的平均相关系数为 0.9069,75℃烘干后试样的平均相关系数为 0.9433。冻干法得到的平均相关系数最高,说明分形维数准确性最高,这与压汞试验结果分析得到的结论一致。按平均相关系数从大到小进行排列,分别为冻干法、75℃烘干法、恒温恒湿法和105℃烘干法,即冻干法对分形维数计算影响最小,75℃烘干法影响稍大,恒温恒湿法影响较大,105℃烘干法影响最大。这种影响也可以理解为试样内部微观结构与原状土样微观结构之间的差异,差异越大,分维计算越不准确。

综上所述,采用不同的脱湿方法对膨胀土进行脱湿处理,然后进行压汞试验,得到不同脱湿环境下土样内部孔隙分布信息,最后对压汞数据进行分形维数计算,得到以下结论:

①冻干法脱湿对土体内部孔隙结构影响最小,最接近原状土样内部结构,计算得到的分形维数也最准确,因此膨胀土失水收缩的特性是其脱湿后微观结构变化的重要因素,如何控制膨胀土失水收缩的程度可以作为以后研究的方向。

②恒温恒湿法脱湿后的土样小孔隙最多,其次是 75℃烘干法脱湿后土样,然后是 105℃烘干法脱湿后土样,冻干法脱湿后土样小孔隙数量最少,这是由于脱湿过程持续越久,膨胀土失水收缩进行得越充分,大孔隙向小孔隙转变得越多。

③在烘干法中,温度的改变主要影响大孔隙的数量,对中小孔隙数量影响较小,导致最终分形维数差异较小。

④根据分形理论对南阳膨胀土孔径大小进行划分,划分为 3 种类型:大孔隙,$r \geq 4\mu m$;中小孔隙,$0.02\mu m < r < 4\mu m$;微孔隙,$r \leq 0.02\mu m$。

⑤为了使分形维数计算结果更加可靠,本书采用了不同的分形维数求解方法,分别对不同脱湿环境下脱湿后的膨胀土样进行计算,并比较了三种求解方法之间的关系,发现三种方法各有优劣,互相补充。

⑥根据平均相关系数,对比不同脱湿环境的膨胀土试样,发现冻干法对分形维数计算影响最小,75℃烘干法影响稍大,恒温恒湿法影响较大,而105℃烘干法影响最大。烘干法中温度具体如何影响分形维数以及膨胀土内部微观结构可以作为以后研究内容和方向。

(2)不同压实度膨胀土压汞试验结果和分析

根据前文所述,冻干法对土体内部结构以及分形维数计算影响最小,所以后面试验的脱湿方法均采用冻干法。这里压实度作为研究的变量,控制其他条件相同,利用压汞试验获得土体内部微观结构信息和数据,利用前文所述的三种方法进行分形维数计算,结果如图 5-7~图 5-12 所示。

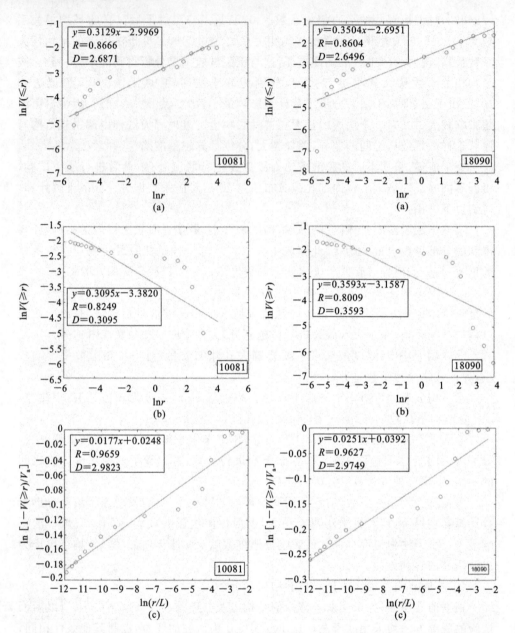

图 5-7 压实度 100％土样分形维数计算曲线　图 5-8 压实度 90％土样分形维数计算曲线

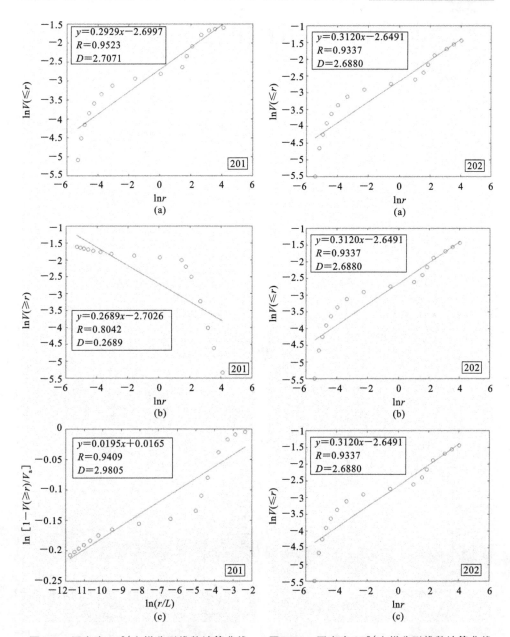

图 5-9　压实度 85％土样分形维数计算曲线　图 5-10　压实度 80％土样分形维数计算曲线

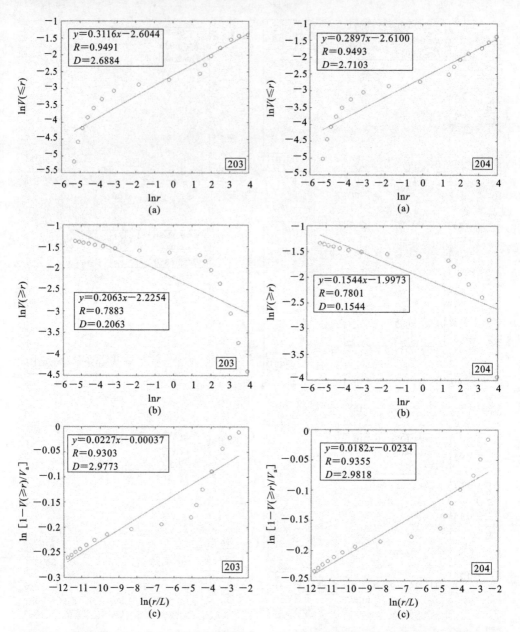

图 5-11　压实度 75%土样分形维数计算曲线　　图 5-12　压实度 70%土样分形维数计算曲线

将计算结果统计到表 5-2：

表 5-2 分形维数计算表

编号	含水率/%	压实度/%	脱湿环境		分形维数		
			温度/℃	湿度/%	1	2	3
10081	18	100	冻干		2.6871	0.3095	2.9823
18090	18	90	冻干		2.6496	0.3593	2.9749
201	18	85	冻干		2.7071	0.2689	2.9805
202	18	80	冻干		2.6880	0.1874	2.9827
203	18	75	冻干		2.6884	0.2063	2.9773
204	18	70	冻干		2.7103	0.1544	2.9818

从表 5-2 中可以发现,分形维数与压实度并非简单的线性关系,三种计算方法得到的分形维数分别为 2.6～2.8、0.1～0.4、2.9～3。现将压实度和分形维数作为 x 轴和 y 轴作折线图,如图 5-13 所示。

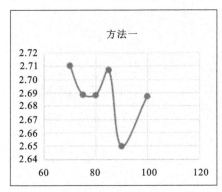

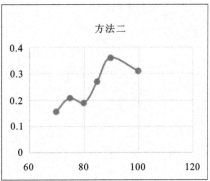

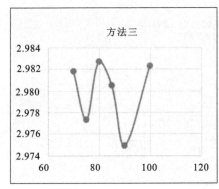

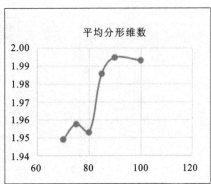

图 5-13 压实度与分形维数关系曲线

可以发现,不管采用何种计算方法,图形都为双峰曲线,尽管不同的计算方法所得到的关系曲线的拐点并不完全相同,但第二个峰值的幅度都比第一个峰值大,可以认为压实度从 85％提高到 90％时,土样内部的微观结构变化最为明显。

从孔隙方面理解,分形维数的降低则应为孔隙累积体积由大孔隙占主导向中小孔隙占主导转变,尽管分形维数随着压实度的增加表现出了上下波动的规律,但最终基本都是降低,即土体内部孔隙的变化虽然没有随着压实度的增加而呈现出线性变化,但是大体上仍是中小孔隙在孔隙累积体积中慢慢占据主导地位。

通过上面的分析,可以发现如果只使用单一的分形维数计算方法,很有可能会得出错误的结论,或者得到的结论过于片面,不符合实际,因此采用不同的分形维数计算方法来进行比较和补充是一种更为科学和严谨的研究方式。

从分形维数计算曲线中可以发现,每条曲线都有明显的拐点,大量研究者都将拐点处的孔径大小作为孔隙的分界点,并由此来划分不同土样内部的大孔隙、中孔隙、小孔隙和微孔隙。同时,这也表明了膨胀土是具有多重分形维数特性的混沌体,可对分形维数计算曲线进行分段拟合,拟合结果如图 5-14～图 5-19 所示。

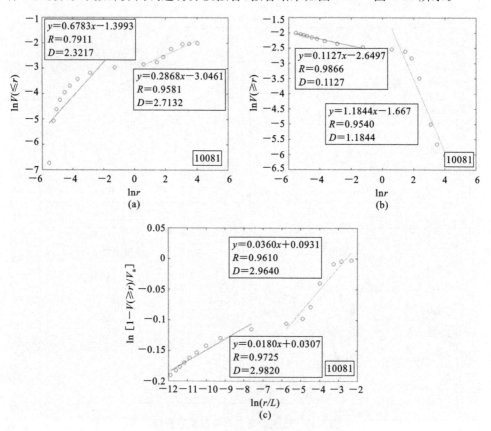

图 5-14　压实度 100％土样分形维数计算曲线分段拟合

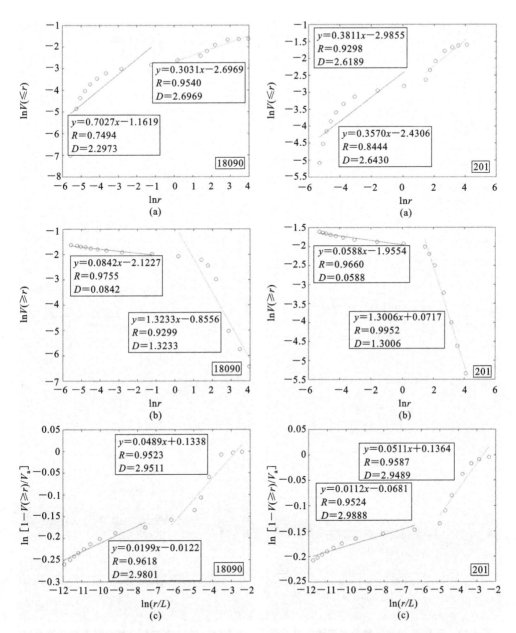

图 5-15　压实度 90％土样分形维数计算曲线
　　　　分段拟合

图 5-16　压实度 85％土样分形维数计算曲线
　　　　分段拟合

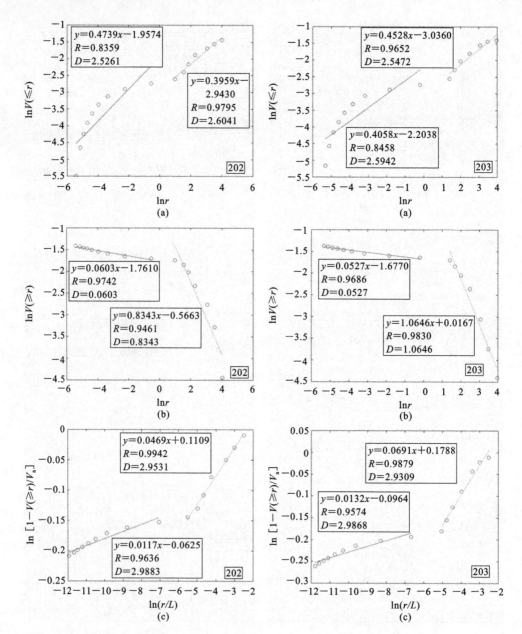

图 5-17 压实度 80% 土样分形维数计算曲线
分段拟合

图 5-18 压实度 75% 土样分形维数计算曲线
分段拟合

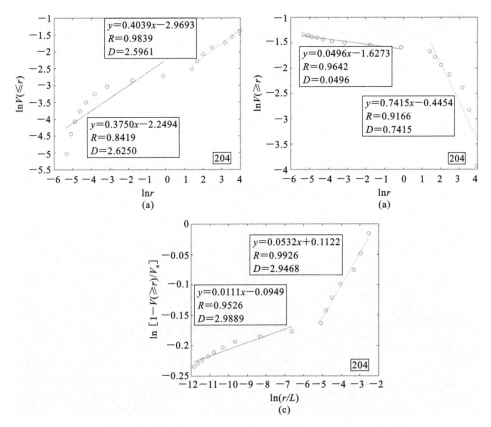

图 5-19 压实度 70%土样分形维数计算曲线

分段拟合

从图中可以发现,不同压实度的土样,其拐点处对应的孔径大小相同,即压实度的改变并不会影响孔径的分界点,并且分段拟合具有更高的相关系数,进一步证实膨胀土是具有多重分形维数特征的土体。

(3)不同含水率膨胀土压汞试验结果和分析

同前文一样,脱湿方法采用冻干法,利用压汞试验来获得土体内部结构数据,然后计算出不同含水率膨胀土脱湿后的分形维数。分形维数计算结果如图 5-20~图 5-24 所示。

计算结果汇总于表 5-3 中。

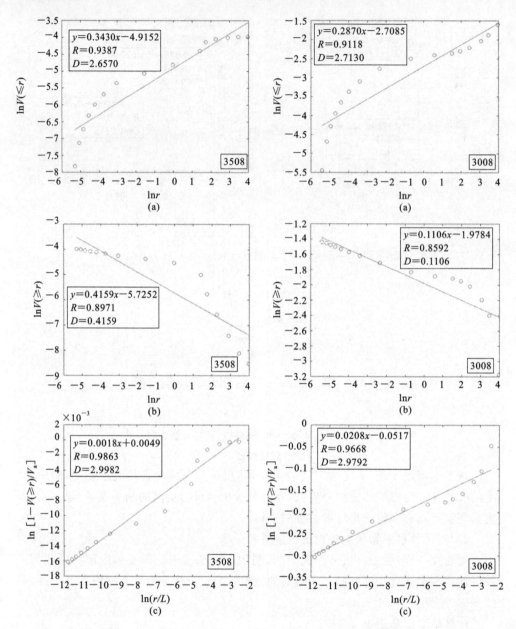

图 5-20　初始含水率 35% 土样分形维数
计算曲线

图 5-21　初始含水率 30% 土样分形维数
计算曲线

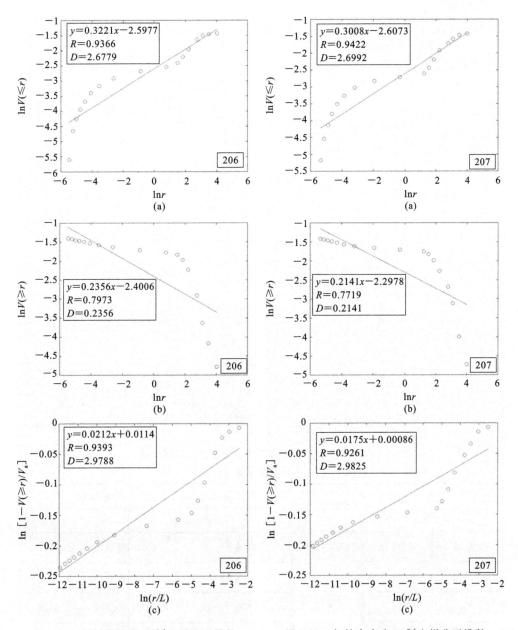

图 5-22 初始含水率 25%土样分形维数
计算曲线

图 5-23 初始含水率 20%土样分形维数
计算曲线

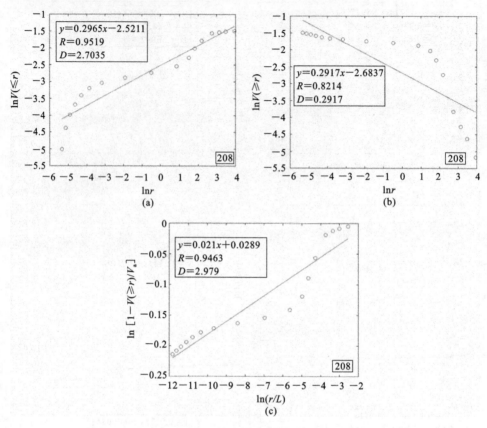

图 5-24　初始含水率 15% 土样分形维数计算曲线

表 5-3　　　　　　　　　　分形维数计算表

编号	初始含水率/%	压实度/%	脱湿环境		分形维数		
			温度/℃	湿度/%	1	2	3
3508	35		冻干		2.6570	0.4159	2.9982
3008	30		冻干		2.7130	0.1106	2.9792
206	25	80	冻干		2.6779	0.2356	2.9788
207	20		冻干		2.6992	0.2141	2.9825
208	15		冻干		2.7035	0.2917	2.9790

三种方法的分形维数分别为 $2.6\sim2.7$、$0.1\sim0.4$ 和 $2.97\sim3$ 之间。方法二和方法三中 35％初始含水率的土样具有最高的分形维数,而方法 1 则是初始含水率 30％的土样具有最高的分形维数,这难以进行比较,但是如果将分形维数进行算术平均,则从 35％～15％初始含水率土样的平均分形维数为 2.0237、1.9343、1.9641、1.9653、1.9914,初始含水率 35％的土样具有最高的平均分形维数,分形维数则随初始含水率的升高而呈现出了先降后升的抛物线形状的变化。除此之外,还能发现计算曲线同样具有明显的拐点,且不同初始含水率的土样拐点是一致的,可以认为不同初始含水率并不会影响膨胀土的孔径分界点。

下面将分形维数和初始含水率作为 y 轴和 x 轴建立折线图,如图 5-25 所示。

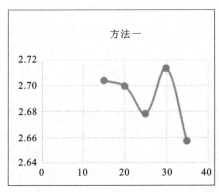
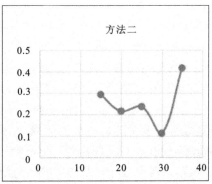
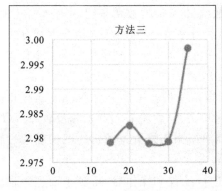
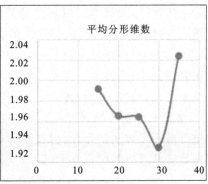

图 5-25　分形维数与初始含水率关系曲线

从图 5-25 可以发现,分形维数与初始含水率的图像呈现出双峰曲线或者多峰曲线形状,平均分形维数的图像与方法二的图像形状基本一致,表现出了相同的变化规律,而方法一则与方法二表现出了相反的变化规律,这和本身计算公式有关,前文已经对此进行了详细说明,这里不再赘述。虽然不同的计算方法得出的分形维数与初始含水率关系变化不尽相同,但是拐点基本都是一致的,拐点都为 20％、

25%和30%这三个初始含水率,且分形维数都在30%和35%初始含水率之间变化最快,可以认为从30%的初始含水率开始,土体内部结构开始发生剧烈而明显的变化,30%之前都是处在小范围波动,由于数据的限制,无法得知之后分形维数与初始含水率之间的变化关系,但可以作为以后研究的方向。

5.3　扫描电镜试验结果分形研究

(1)盒维数计算流程

由于 MATLAB 拥有强大的图形处理功能和矩阵计算能力,且入门较快,编程十分简洁等优点,这里使用 MATLAB 软件来对扫描电镜图像进行处理和计算。根据戴张俊等的研究,通常放大倍率为 2000~5000 时 SEM 图像能较为完整和清晰地显示孔隙与颗粒交互并存的状态,适合进行孔隙比定量化分析,为了减少重复工作,这里只对倍率为 2000 的扫描电镜图像进行分形研究。

这里使用盒子分维法计算扫描电镜图像中的孔隙分形维数,过程为:先将原始扫描电镜图片变为二维的灰度图像,然后对二维灰度图像选择合适的灰度级进行灰度处理,使孔隙和土颗粒可以更清晰地被区分出来,再将灰度处理后的图像进行滤波处理,去除图像中的噪点,之后将滤波后的灰度图转变为只有 1 和 0 的二进制图像,其中数值 1 代表白色,数值 0 代表黑色,在二进制图中黑色部分为孔隙,白色部分为土体颗粒,因此就可以通过统计数值 0 和 1 的数量来得到土体的孔隙比。将原图处理成二值图像后,先将二值图像进行平滑处理,再将二值数据划分成若干块,每一块的行和列都设为 $k(k=1,2,3,\cdots,n)$,这样便得到了边长为 k 个像素点尺寸的正方形盒子,假设 1 个像素点尺寸为 r,则正方形盒子的边长 $L=kr$,然后使用这些盒子去覆盖二值图像,并记录下包含数值 1 的盒子的个数 $N(L)$,这样正方形边长 L 和盒子个数 $N(L)$ 便形成了一一对应关系,再将 L 对数的相反数和 $N(L)$ 的对数进行最小二乘法拟合,所得直线的斜率便为所求盒维数 D。图像处理过程和分形维数计算过程如图 5-26 所示。

按照上面的流程图在 MATLAB 中进行编程和操作后,得到下面主体程序的运行结果,图 5-27 展示了各个过程所得到的图像以及最后盒维数计算的拟合直线。

最后拟合直线相关系数高达 0.99999,可见膨胀土具有明显的分形维数特性,下面将使用所述流程和方法计算出不同脱湿环境、不同压实度以及不同初始含水率膨胀土扫描电镜图像的盒维数。

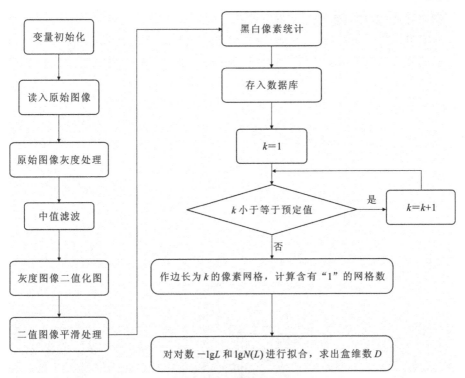

图 5-26　计算扫描电镜图像盒维数流程图

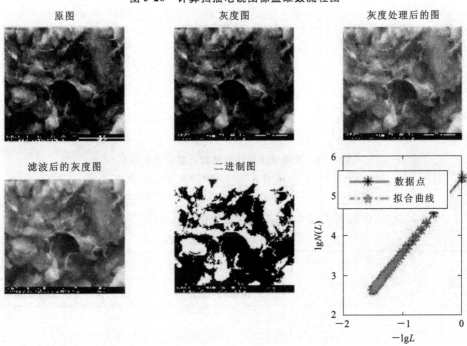

图 5-27　盒维数计算主体程序运行结果

（2）不同脱湿环境膨胀土盒维数计算

这里将对风干脱湿、烘干脱湿、恒温恒湿法脱湿以及冻干脱湿四种不同脱湿法脱湿后的膨胀土扫描电镜图像进行盒维数的计算，计算时所使用的拟合直线如图 5-28 所示。

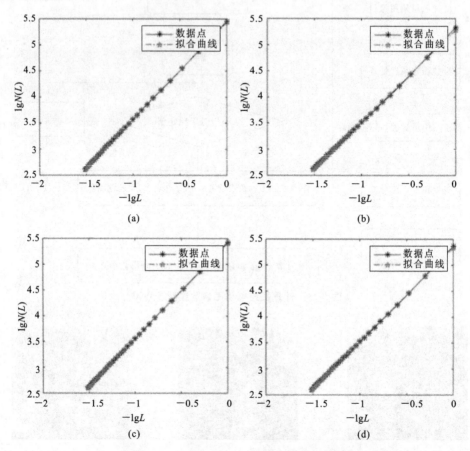

图 5-28　不同脱湿环境盒维数计算拟合直线图

（a）冻干样盒维数拟合直线；（b）风干样盒维数拟合直线；
（c）恒温恒湿样盒维数拟合直线；（d）烘干样盒维数拟合直线

将图 5-28 计算得到的盒维数值分别列于表 5-4 之中。

表 5-4　　　　　　　　　**不同脱湿环境膨胀土盒维数**

试样	风干样	烘干样	恒温恒湿法脱湿样	冻干样
盒维数	1.7557	1.7951	1.8500	1.8621

从表 5-4 可以发现，四种不同脱湿环境所得到的盒维数值在 1.75～1.9 之间，

其中冻干样的盒维数最大,为1.8621,风干样最小,为1.7557,说明冻干法脱湿后膨胀土内部孔隙分布最不均匀,大孔隙较多,而风干法脱湿则使得膨胀土表面孔隙分布最均匀。

(3)不同压实度膨胀土盒维数计算

与前文使用相同的计算步骤,利用扫描电镜图像可以得到不同压实度膨胀土盒维数值,计算所用拟合直线如图5-29所示。

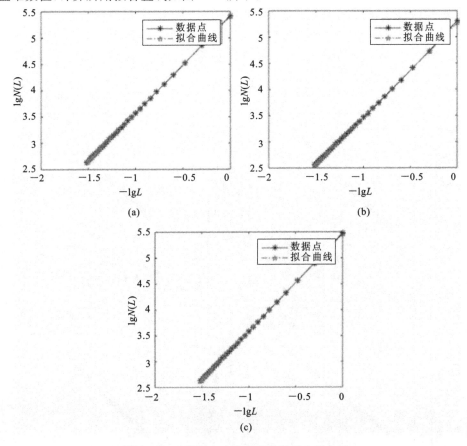

图5-29 不同压实度盒维数计算拟合直线图

(a)恒温恒湿样(100％压实度);(b)恒温恒湿样(90％)压实度;(c)冻干样(100％压实度)

不同压实度盒维数具体计算结果列于表5-5之中。

表5-5 不同压实度膨胀土盒维数

	压实度/％	100	90
盒维数	恒温恒湿样	1.8252	1.7854
	冻干样	1.8690	—

从计算结果可以发现，压实度100％土样和压实度90％土样盒维数为1.75～1.85，且压实度100％土样的盒维数大于压实度90％土样，即随着压实度的减少，土体孔隙不均匀程度减小，孔隙分布越分散，而将冻干样和恒温恒湿样进行对比，发现相同压实度下，恒温恒湿样比冻干样盒维数小，即恒温恒湿样的孔隙分布更均匀，这个结论与前文一致。不难理解，随着压实度的增加，越多的大孔隙被压缩成中小孔隙，中小孔隙则逐渐转变为微孔隙，从而使得孔隙分布趋于均匀。

（4）不同初始含水率膨胀土盒维数计算

与前文使用相同的计算步骤，利用扫描电镜图像可以得到不同初始含水率膨胀土盒维数值，计算所用拟合直线如图5-30所示。

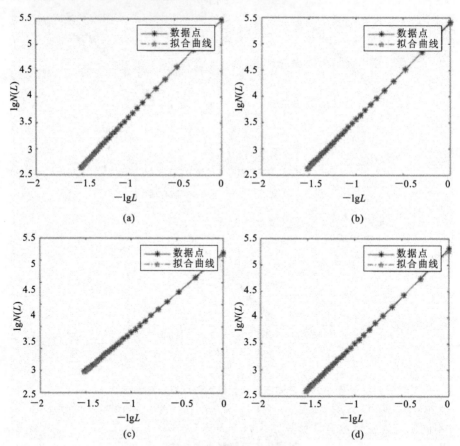

图 5-30　不同初始含水率盒维数计算拟合直线图

（a）冻干样（30％初始含水率）；（b）冻干样（35％初始含水率）；
（c）恒温恒湿样（30％初始含水率）；（d）恒温恒湿样（35％初始含水率）

不同初始含水率盒维数具体计算结果列于表5-6之中。

表 5-6 不同初始含水率膨胀土盒维数

	初始含水率/％	35	30
盒维数	恒温恒湿样	1.7550	1.7568
	冻干样	1.8248	1.8650

不论是冻干样还是恒温恒湿样,均有初始含水率越大,盒维数越小的规律,即膨胀土表面孔隙分布随着初始含水率的增加而趋于均匀。可以这样理解,膨胀土有着吸水膨胀的特性,初始含水率越高,膨胀土颗粒的晶胞体积越大,从而使颗粒排列得更加紧密,大孔隙数量减少,中小孔隙所占比例上升,因此膨胀土表面孔隙分布越均匀。扫描电镜图片为二维图像,而所求得的分形维数根据分形理论可知应在 1～2 之间,与结果相符合。

5.4 本章小结

本章在压汞试验的基础上,采用了三种不同的分形维数计算方法,对三种方法之间的优劣进行了比较和分析,然后使用这三种方法计算不同脱湿环境下膨胀土脱湿后的分形维数、不同压实度膨胀土脱湿后的分形维数以及不同初始含水率膨胀土脱湿后的分形维数,结果发现:

脱湿环境、压实度以及初始含水率均不会影响膨胀土的孔径分界点的大小,并根据这点对所使用的南阳膨胀土进行了孔径的划分,之后从分形理论的角度解释了冻干样内部结构是最接近原始土体的土样。

在不同压实度膨胀土的分形维数计算中,研究了压实度对分形维数的影响,发现当压实度从 85％提高到 90％时,土体内部结构变化最明显,并认为多种分形维数计算方法同时使用并互相补充比使用单一的分形维数计算方法更加严谨和科学。

在不同初始含水率膨胀土的分形维数研究中,同样发现了分形维数不是简单地随初始含水率增加而呈现线性变化,而是呈现出上下波动的曲线变化,且发现初始含水率从 30％上升到 35％时,膨胀土内部微观结构变化最明显。

确定使用 MATLAB 进行编程,利用盒维数法对扫描电镜图像进行分维计算,然后以此为基础列出了计算盒维数的流程图以及主体程序运行时的结果。确定了计算方法和流程后,开始计算各脱湿环境、压实度和初始含水率膨胀土的盒维数值,作出计算时的拟合直线图,然后根据盒维数大小的变化来说明膨胀土表面孔隙分布情况的变化,从而得出脱湿环境、压实度和初始含水率对膨胀土表面孔隙分布的影响。

6 膨胀土裂隙扩展规律定量试验研究

6.1 引　言

　　膨胀土在失水过程中收缩开裂,因而对于膨胀土内部裂隙的研究主要是定性研究,很难进行直接的定量分析。裂隙岩土体渗流试验结果表明,岩土体介质内部裂隙不同时通过流体的能力不同,因此可以尝试对裂隙膨胀土进行渗流试验,研究裂隙膨胀土通过流体的能力变化,同时可以根据裂隙膨胀土渗流试验结果间接定量分析膨胀土内部裂隙的发育连通情况。由于膨胀土具有很强的水敏性,采用水进行渗流试验时土体很容易吸水膨胀,土体吸水膨胀导致土体内部裂隙发生闭合,因此需要采用不使膨胀土结构产生变化的流体。

　　本章通过对南阳重塑膨胀土样进行模型试验,观测膨胀土裂隙发育过程,得到试样裂隙表面裂隙发育图像及裂隙率曲线,探讨不同重塑膨胀土样裂隙扩展规律,并分析其演化性状。在膨胀土内部裂隙发育到不同程度时使用煤油进行渗透试验,得到膨胀土裂隙发育不同程度时的油渗率,分析膨胀土在裂隙发育扩展过程中的油渗规律及其机理。

6.2 相同初始状态重塑膨胀土裂隙扩展及油渗试验

（1）试样制备

　　CT扫描结果表明装样盒的材质对土样收缩有很大影响。为了减少这种影响,选择有机玻璃重新制作装样盒,有机玻璃盒内径尺寸 30cm×30cm×12cm(高),盒顶敞开,盒底均布直径为 0.6cm 的圆孔,孔心距为 2cm,如图 6-1 所示。

CT 扫描结果还表明土样的厚度过大则竖向裂隙只有少部分能贯穿试样(甚至没有裂隙能贯穿试样),因此为了油渗试验及后续降雨入渗试验的顺利进行,土样的厚度要适当减小,通过多次尝试以后土样厚度设定为 4.5cm。为防止在入渗试验时流体将大量的土颗粒带走,装样前在有机玻璃盒内铺上两层不锈钢窗纱。将取回的南阳膨胀土风干后过 2mm 网筛,加入适量的水配制成含水率 25% 的土样。将称量好的上述土样倒入装样盒,压实至 4.5cm 厚,即制备成 30cm×30cm×4.5cm(高)、含水率为 25%、压实度为 75% 的重塑膨胀土,如图 6-2 所示。

在土样上再覆盖上一层不锈钢窗纱,盖上尺寸为 30cm×30cm×1.5cm(高)的铁板,整个放入水箱内浸水饱和至少 24h,饱和后的试样含水率在 35% 左右,如图 6-3 所示。将浸水饱和后土样取出,去掉盖板,放入恒温恒湿箱进行脱湿,设定恒定温度 45℃ 和相对湿度 35%。

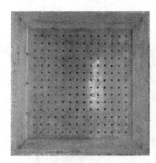

图 6-1　有机玻璃装样盒　　图 6-2　饱和前试样　　图 6-3　饱和后试样

试验总共做 6 个平行试样,第一个试样脱湿时间为 96h,根据此试样脱湿曲线及裂隙发育情况,确定其他 5 个平行试样的脱湿时间分别为 79h、63h、48h、39h、30h。在试样分别脱湿到指定时间后称重,计算土样含水率的变化;用数码相机拍照,得到裂隙发育图像并进行处理;随后使用煤油进行渗透试验。

(2)试样脱湿过程

图 6-4 为 6 个重塑膨胀土样的脱湿曲线图,可以看出同种试样在相同环境下的脱湿情况基本相同,在脱湿时间最长的试样曲线上可以看到有明显的拐点,此时的试样平均含水率已经处于较低的水平,拐点位置在 60~70h 之间,说明试样失水速率在此处发生明显变化,在拐点前后的曲线上脱湿时间和试样平均含水率呈现明显的线性关系。

(3)表面裂隙发育结果与分析

膨胀土表面裂隙发育主要经历微裂隙发生、发展,主裂隙的呈现、宽度扩展,次裂隙的发生、发展、消失,主裂隙宽度均匀化发展,最后到裂隙稳定阶段,到了此阶

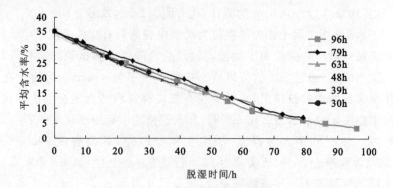

图 6-4　膨胀土样的脱湿曲线

段,裂隙基本不再发生变化。图 6-5 是经过处理后的膨胀土样裂隙发育图。

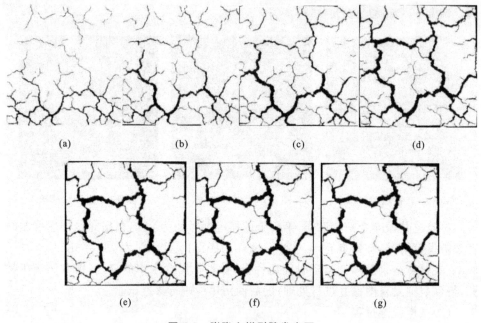

图 6-5　膨胀土样裂隙发育图

(a)时间 22.7h 裂隙率 5％;(b)时间 30h 裂隙率 7.56％;(c)时间 39h 裂隙率 10.25％;
(d)时间 48h 裂隙率 14.79％;(e)时间 63h 裂隙率 16.75％;(f)时间 79h 裂隙率 17.61％;
(g)时间 96h 裂隙率 18.59％

　　膨胀土的表面裂隙发育与脱湿时间、脱湿后平均含水率有很好的相关关系,如图 6-6～图 6-7 所示。

　　图 6-6 为试样裂隙率随时间变化曲线,图中裂隙率是指试样表面裂隙所占面积(包括周边的收缩部分)与未发生裂隙时原试样表面面积之比。在脱湿过程中前 20h 试样表面没有出现裂隙,之后出现少量裂隙,随后逐渐发展,裂隙率分为稳定

发展、加速发展和减速发展三个阶段。

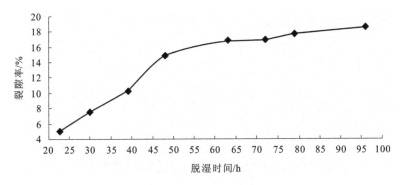

图 6-6　膨胀土样裂隙率与脱湿时间曲线

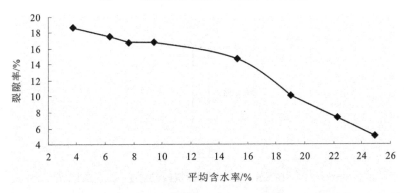

图 6-7　膨胀土样脱湿后平均含水率与裂隙率关系曲线

图 6-7 为试样脱湿至不同平均含水率与试样表面裂隙率关系曲线,含水率脱湿至一定临界值时裂隙发生,裂隙率随含水率降低而不断增加,开始时表现为线性稳定增加,随后加速,平均含水率降低至一定值时裂隙率以减速的方式增加。

(4)油渗试验

对不同脱湿时间的试样进行煤油入渗试验。

煤油纯品为无色透明液体,含有杂质时呈淡黄色,略具臭味。密度为 0.8g/cm^3,运动黏度 40℃时为 1.0～2.0mm^2/s,不溶于水。

6 个平行样分别脱湿 96h、79h、63h、48h、39h、30h 拍照后,使用图 6-8 所示装置进行油渗试验。将图中容器的水换成煤油,调节降雨器中煤油高度来控制出油量,使得裂隙土表面始终有 5mm 厚的油层,此时记录量筒中 3min 所流入的煤油体积,记录三次,取平均值,计算油渗率(单位时间内地表单位面积土体的入渗油量)。

$$i_O = \frac{V_O}{At}$$

式中:i_O 为油渗率,cm/s;V_O 为一定时间内量筒内煤油体积,cm^3;A 为土样截面面积,cm^2;t为油渗时间,s。

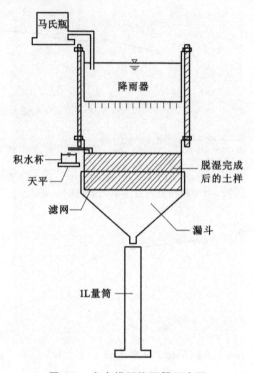

图 6-8　室内模拟降雨器示意图

油渗试验结果见表 6-1。

表 6-1　　　　　　　　　　　　　油渗试验结果

脱湿时间/h	平均含水率/%	裂隙率/%	3min 油渗量/L	油渗率/(cm/s)
96	3.71	18.59	75.24	0.4644
79	6.25	17.61	70.2	0.4333
63	9.35	16.75	61.74	0.3811
48	15.29	14.79	21.6	0.1333
39	18.98	10.25	9.0	0.0556
30	22.22	7.56	0.9	0.0056

通过油渗试验结果可以得到脱湿时间、平均含水率、裂隙率与油渗率关系曲线(图 6-9～图 6-11)。

图 6-9 中,油渗率随脱湿时间增加而增大,初期为线性缓慢增加,脱湿时间为 45～65h 时出现急骤增长段,后期增速明显变缓,最后趋于稳定。

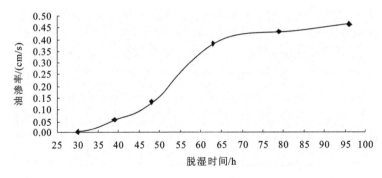

图 6-9　土样脱湿时间与油渗率关系曲线

图 6-10 中油渗率随平均含水率的减小而增大,在较高含水率时油渗率随平均含水率的减小呈线性增大,在平均含水率为 9%～15% 时,油渗率快速变化;当含水率降到较低水平时油渗率增长变缓,最后趋于一定值。

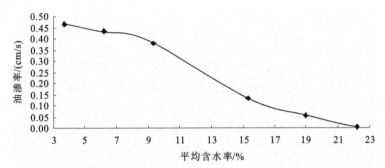

图 6-10　土样脱湿后平均含水率与油渗率关系曲线

图 6-11 中油渗率随裂隙率的增大而增大,裂隙率小于 15% 时油渗率随裂隙率呈线性增长,裂隙率为 15%～17% 时油渗率快速增长,裂隙率大于 17% 后油渗率增速急骤放缓。因此,油渗率变化可分为三个阶段:线性增长阶段、加速增长阶段、减速增长阶段。

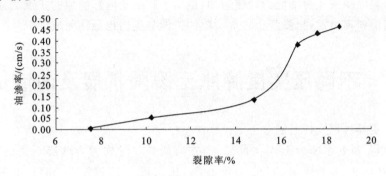

图 6-11　土样表面裂隙率与油渗率关系曲线

从以上的试验结果可知,随着表面裂隙率的增加,膨胀土样通过流体的能力增大,同时由于煤油入渗时膨胀土结构不发生变化,而在油渗过程中裂隙通过煤油的能力要远大于膨胀土孔隙,因此可以用油渗率来衡量膨胀土内部裂隙的扩展与连通情况,油渗率增长最快的阶段在脱湿时间为 $45\sim65h$、平均含水率为 $9\%\sim15\%$、裂隙率为 $15\%\sim17\%$ 时,说明在这一阶段裂隙在深度方向扩展与连通最为迅速。将土样表面裂隙率与油渗率关系进行拟合(图 6-12),可以看到加速增长段的斜率远大于其他两个阶段。

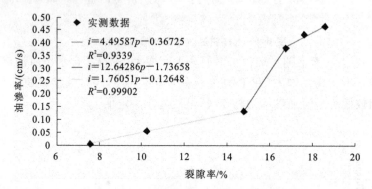

图 6-12　土样表面裂隙率与油渗率关系拟合曲线

由以上油渗率的关系曲线结合试样裂隙表面裂隙发育图像及曲线,可以将膨胀土裂隙发育和油渗规律主要分为四个阶段:第一阶段为失水阶段,这一阶段试样只失水不产生裂隙,只有当失水到一定程度时才出现裂隙(即存在一个临界点),在这一阶段油渗率几乎为零;第二阶段为表面裂隙产生并呈线性增长阶段,此时油渗率呈线性增长,裂隙膨胀土过油能力呈线性增加,说明膨胀土内部裂隙的扩展与连通也呈线性增长;第三阶段为表面裂隙减速增长,此时油渗率急骤增长,裂隙膨胀土过油能力快速增加,也说明了膨胀土内部裂隙的扩展与连通急速增长;第四阶段为表面裂隙趋于稳定阶段,此时油渗率减速增长,当裂隙发育完全稳定后油渗率为一定值,裂隙膨胀土过油能力减速增加,说明了膨胀土内部裂隙的扩展与连通速度放缓,当油渗率恒定时,膨胀土内部裂隙的扩展与连通也最终完成。

6.3　不同压实度膨胀土裂隙扩展及油渗试验

(1)实验过程及样品制备

配制足量含水率为 18% 的膨胀土,在有机玻璃盒内铺上两层不锈钢窗纱,倒入称量好的上述土样,压实至 $4.5cm$ 厚,压实度分别控制为 85%、80%、75%、70%、65%,即制备成尺寸为 $30cm\times30cm\times4.5cm$(高)相同含水率、不同压实度的重塑膨胀土样,编号分别为 18085、18080、18075、18070、18065。

在土样上再覆盖上一层不锈钢窗纱,盖上尺寸为 30cm×30cm×1.5cm(高)的铁板,整个放入水箱内浸水饱和至少 24h,将浸水饱和后土样放入恒温恒湿箱进行脱湿,设定恒定温度 45℃和相对湿度 35%。

在脱湿的过程中观测裂隙发育情况并进行拍照,拍照后进行油渗试验,油渗试验过程与上文相同。

(2)表面裂隙发育结果与分析

图 6-13 为不同压实度膨胀土样最终裂隙发育实图,压实度 70%、65%土样主裂隙在土样中间形成一个"孤岛",从"孤岛"边沿各个尖端延伸出 5~7 条宽裂隙,宽裂隙在延伸过程中分裂出小裂隙;压实度 85%土样主裂隙为"树枝"形状,粗枝干分出小枝干;压实度 80%土样主裂隙为"X"形与"Y"形相结合的形状;压实度 75%土样主裂隙为"U"形,由裂隙主干发育较多的次宽裂隙。总体上随压实度降低,土样主裂隙有由开放向连通闭合的趋势,每个土样表面均有大量细裂隙。

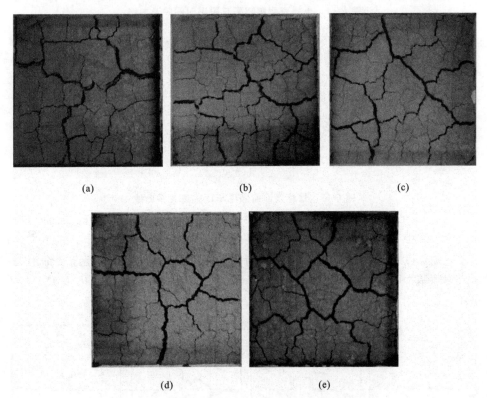

(a)　　　　　　　　(b)　　　　　　　　(c)

(d)　　　　　　　　(e)

图 6-13　不同压实度膨胀土样最终裂隙发育实图

(a)压实度 85%土样;(b)压实度 80%土样;(c)压实度 75%土样;(d)压实度 70%土样;(e)压实度 65%土样

从实际观测和图 6-14 中可以看出压实度 80％土样最先出裂隙；在脱湿 30～47h 时各个样品表面裂隙发育变化最为剧烈，其后各个土样的表面裂隙率呈现缓慢增长的趋势，各个土样的表面裂隙率相差不大；图 6-15 中最终表面裂隙率呈现随压实度升高而升高其后又降低的规律，其中压实度 75％土样最终表面裂隙率最高。

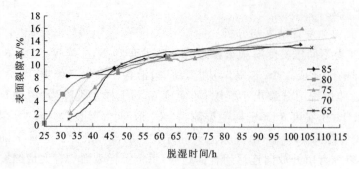

图 6-14　土样表面裂隙率与脱湿时间关系曲线

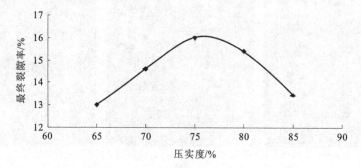

图 6-15　最终表面裂隙率与压实度关系曲线

图 6-16 是经过处理后的膨胀土样裂隙发育图，可以看出：土样的表面周边首先出现细裂隙；细裂隙向土样中心部位延伸，在此过程中主裂隙逐步突显出来；随后主裂隙宽度扩展，主裂隙宽度呈现均匀化发展趋势，部分次裂隙逐渐变细消失；最后裂隙基本不变达到稳定。在裂隙发育过程中，压实度低的土样比压实度高的土样细裂隙明显要多。

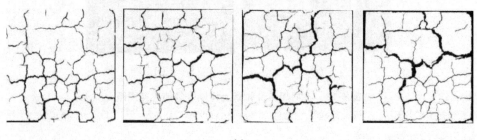

(a)

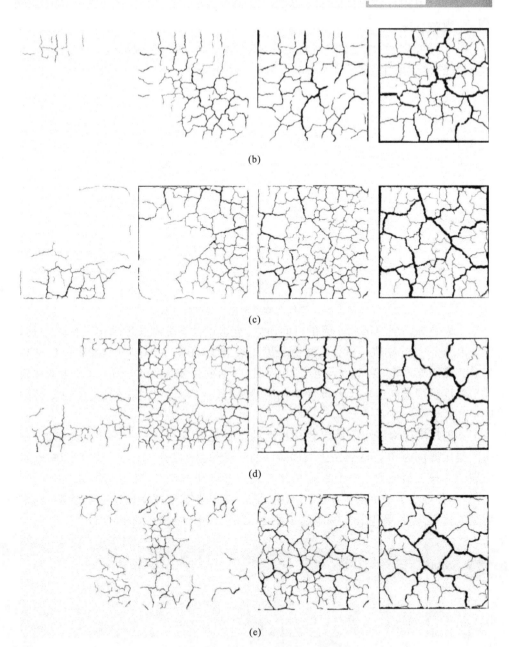

(b)

(c)

(d)

(e)

图 6-16　膨胀土样裂隙发育图

(a)土样 18085 裂隙发育;(b)土样 18080 裂隙发育;(c)土样 18075 裂隙发育;
(d)土样 18070 裂隙发育;(e)土样 18065 裂隙发育

①裂隙总长度。

对不同压实度膨胀土试件进行观察,并间隔一段时间进行数码摄影与 MATLAB 软件处理操作,得到不同压实度膨胀土试件表面裂隙总长度折线图(图 6-17)。

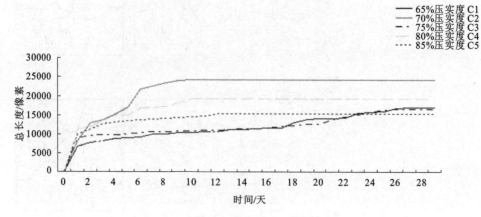

图 6-17 不同压实度膨胀土总长度比较

表面裂隙扩展至第 1.5 天的时间段内,五组试件裂隙总长度均出现快速增长,压实度为 80％的膨胀土试件裂隙总长度增长最快,压实度为 65％的膨胀土试件裂隙总长度增长最慢;第 1.5 天至第 29 天时期内,除压实度为 70％的膨胀土试件裂隙总长度呈现先高速增长后缓慢变化的趋势,其余四组试件均呈现出缓慢增长的态势。

不同压实度膨胀土表面裂隙总长度的增长趋势与裂隙率的增长趋势相似,不同的是压实度为 85％的膨胀土表面裂隙总长度值最小,压实度为 70％的膨胀土表面裂隙总长度值最大。表面裂隙长度在发育初期快速增长,随着扩展进入"恢复"阶段,部分细小的表面裂隙相互闭合并消失,造成裂隙长度呈现减小的趋势,到末期进入稳定阶段,裂隙长度基本趋于稳定,不再发生大的变化(图 6-18)。

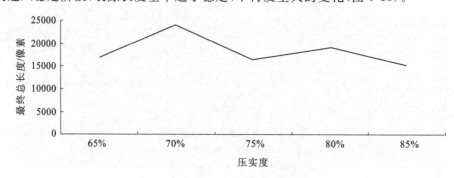

图 6-18 五组试件最终裂隙总长度比较

裂隙总长度未随压实度的增加而增大,而是呈现出"M"形的变化趋势。

②裂隙平均宽度。

对不同压实度膨胀土试件进行观察,并间隔一段时间进行数码摄影与 MATLAB 软件处理操作,得到不同压实度膨胀土试件表面裂隙平均宽度折线图(图 6-19)。

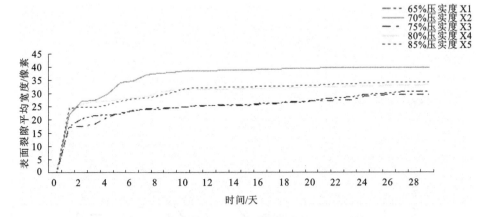

图 6-19 不同压实度膨胀土表面裂隙平均宽度比较

表面裂隙扩展至第 2 天时间段内,各组试件均呈现快速增长的趋势,压实度为 85％的膨胀土试件裂隙平均宽度的扩展最显著;第 2 天至第 29 天时期内,除压实度为 70％的膨胀土试件呈现出先快速增长后缓慢变化的趋势,其余四组膨胀土试件均表现为缓慢变化的态势。达到稳定状态后,压实度为 70％的膨胀土试件裂隙平均宽度值最大,压实度为 75％的试件表面裂隙平均宽度值最小。

不同压实度膨胀土裂隙平均宽度增长趋势总体与裂隙率增长趋势相似。压实度为 65％膨胀土裂隙平均宽度增长曲线较为平滑,中后期增长较为平缓;压实度为 70％的膨胀土裂隙平均宽度扩展阶段划分较为明显;压实度为 75％的膨胀土裂隙平均宽度变化呈现为"阶梯形";压实度为 80％的膨胀土裂隙平均宽度增长阶段后期近似呈线性变化;压实度为 85％的膨胀土裂隙平均宽度扩展速率在前期较大,在中后期较为平缓。平均宽度扩展减缓是由于在膨胀土表面裂隙扩展的过程中,初始阶段产生的裂隙中的少数会发育成为主要裂隙,在主要裂隙的宽度持续增长的过程中也伴随着收缩面积的增大,并且当主要裂隙宽度扩展到极限值时,随着土样收缩面积继续扩大,主要裂隙宽度会出现减小的过程。

压实度为 70％的膨胀土试件表面裂隙平均宽度数值最大,压实度为 75％的膨胀土试件表面裂隙平均宽度数值最小。裂隙平均宽度未随压实度的增加而增大,而是呈现出"N"形的变化趋势(图 6-20)。

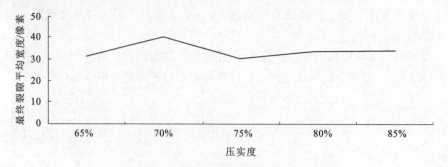

图 6-20　五组试件最终裂隙平均宽度比较

（3）油渗试验结果与分析

油渗率与脱湿时间关系曲线见图 6-21。

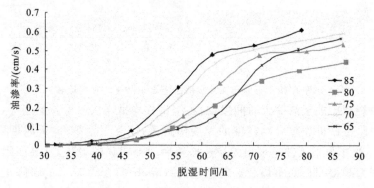

图 6-21　油渗率与脱湿时间关系曲线

图 6-21 中油渗率随脱湿时间增加而增大,图中曲线有明显拐点,油渗率的增大分为三个阶段:线性增长阶段、加速增长阶段、减速增长阶段。线性增长阶段约在 45h 内,此时各个土样曲线的斜率较小,斜率大小差别不大;加速增长阶段在脱湿时间为 45h 之后,加速增长持续时间各不相同,在这一阶段土体内部裂隙发育与连通增长很快;减速增长阶段,油渗率增长速度急骤降低,最后趋于一定值。

图 6-22 中,裂隙率较小时油渗率呈线性增长,增长速率较小;当裂隙率到一定值时,油渗率快速增加,油渗率低速线性增长段到快速增长段存在明显的拐点,压实度 85%、80%、75%、70%拐点对应裂隙率约为 9%,压实度 65%拐点对应裂隙率约为 12%;当裂隙率接近最终裂隙率时,油渗率增长速度急骤变缓。

对不同压实度膨胀土裂隙率与油渗率曲线分段进行线性拟合,拟合结果如图 6-23 所示,可以看到油渗率随裂隙率变化的三个阶段（线性增长阶段、加速增长阶段、减速增长阶段）斜率有明显的区别,不同压实度膨胀土裂隙率与油渗率在三个不同阶段变化不同,随压实率减小,减速增长阶段相应减少。

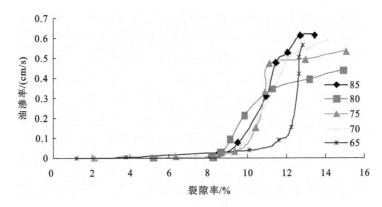

图 6-22　裂隙率与油渗率关系曲线

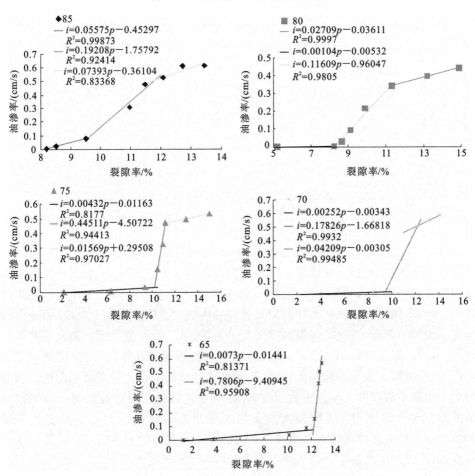

图 6-23　不同压实度膨胀土裂隙率与油渗率拟合曲线

图 6-24 中，压实度 70％、65％、85％土样裂隙稳定后最终油渗率相差不大，压实度 80％、75％、70％土样最终油渗率随压实度的降低而升高，说明不同压实度土样内部裂隙的连通程度基本上是先随压实度升高而降低，后随压实度降低而升高。其机理主要在于：由微观试验结果可知相同初始含水率、不同压实度重塑膨胀土样随压实度升高使得土体内部要压缩挤密，其内部孔隙体积随压实度增加而减小，孔隙变形主要发生在黏土颗粒集聚体之间、集聚体及碎屑颗粒之间的大孔隙，当试样脱湿时，试样内部主要是大孔隙发生收缩，因而膨胀土失水开裂的主要因素在于试样中大孔隙的多少及大孔隙的收缩程度，而最终油渗率的大小主要取决于试样内部的裂隙及其连通程度，因此最终油渗率随压实度的升高而降低；又由不同压实度重塑膨胀土样裂隙发育 CT 扫描分析得知，随压实度升高土样整体性增强，压实度很高的土样（85％）在裂隙发育稳定后内部细微裂隙较少，主要表现为四周的收缩以及在土体内部形成极具优势的主宽裂隙，这些对于流体来讲就形成了优势的渗流通道，因此压实度 85％的土样最终油渗率要大于压实度 80％的土样最终油渗率。

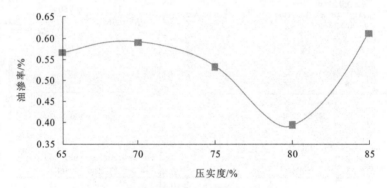

图 6-24　最终油渗率与压实度关系曲线

综上所述，不同压实度膨胀土样在裂隙发育过程中，压实度低的土样比压实度高的土样表面细裂隙明显要多，土样表面主裂隙随压实度降低有由开放向连通闭合的趋势，不同压实度膨胀土样裂隙发育和油渗规律主要分为四个阶段：第一阶段为失水无裂隙阶段，在这一阶段油渗率几乎为零；第二阶段为表面裂隙发生并呈线性增长，油渗率呈线性增长阶段；第三阶段为表面裂隙减速增长、油渗率急骤增长阶段；第四阶段为表面裂隙趋于稳定、油渗率减速增长阶段。裂隙膨胀土中油渗率的大小主要与裂隙的大小及连通程度有关，其中连通的主裂隙宽度对土样通过流体的能力起决定作用。不同压实度膨胀土样最终油渗率的大小在压实度低于 80％时由土样内部存在的大孔隙决定，大孔隙越少，脱湿后土体内部形成的裂隙也越少，最终油渗率也越小。当压实度高于 80％时，土样脱湿后整体性增强，容易在土体内部形成优势的连通裂隙，这时决定最终油渗率大小的是这些优势裂隙的渗透能力。

6.4　不同初始含水率膨胀土裂隙扩展及油渗试验

（1）实验过程及样品制备

配制足量含水率为 35％、30％、25％、20％、15％ 的膨胀土，在有机玻璃盒内铺上两层不锈钢窗纱，倒入称量好的上述土样，压实至 4.5cm 厚，压实度控制为 80％，即制备成尺寸为 30cm×30cm×4.5cm（高）不同含水率、相同压实度的重塑膨胀土样，编号分别为 35080、30080、25080、20080、15080。

在土样上再覆盖上一层不锈钢窗纱，盖上尺寸为 30cm×30cm×1.5cm（高）的铁板，整个放入水箱内浸水饱和至少 24h，将浸水饱和后土样放入恒温恒湿箱进行脱湿，设定恒定温度为 45℃和相对湿度为 35％。

在脱湿的过程中观测裂隙发育情况并进行拍照，拍照后进行油渗试验，油渗试验过程与前文相同。

（2）裂隙发育结果与分析

图 6-25 为不同初始含水率膨胀土样最终裂隙发育实图。

（a）　　　　　　　　　（b）　　　　　　　　　（c）

（d）　　　　　　　　　（e）

图 6-25　不同初始含水率膨胀土样最终裂隙发育实图

（a）土样初始含水率为 35％；（b）土样初始含水率为 30％；（c）土样初始含水率为 25％；

（d）土样初始含水率为 20％；（e）土样初始含水率为 15％

从图 6-25 中可以看出不同初始含水率的土样裂隙发育区别很大：

初始含水率 35％土样中间形成一个"葫芦"形状，"葫芦"底部裂隙宽大并延伸出四条宽大裂隙，土样周边有明显收缩，土样表面几乎没有微、细裂隙；

初始含水率 30％土样裂隙为由中央开始向外呈鱼鳞状扩展，土样表面有少量细裂隙；

初始含水率 25％土样中主裂隙宽度比较均匀，有微、细裂隙；

初始含水率 20％土样中存在大量细裂隙；

初始含水率 15％土样中存在大量微裂隙，主裂隙在土样中间分割出一个近似正方形块体，由这个块体的四角延伸出主裂隙，主裂隙的宽度比较均匀。

土样表面裂隙形态随土样初始含水率由高到低有明显的差异，裂隙形成的曲线形状由圆弧状向直线转变，微细裂隙随初始含水率降低而升高，主裂隙随初始含水率降低发育得更加均匀。

图 6-26 中在脱湿时间 50h 后 35080 土样表面裂隙率明显高于其他土样，脱湿时间 50h 之前，土样 25080 和 20080 表面裂隙率明显高于其他三个土样，这两个样的表面裂隙率也比其他三个土样出现的要早 10h 左右，在脱湿时间约 37h 之前土样 25080 表面裂隙率比 20080 要大。土样表面裂隙率经历一个线性增长段后裂隙率减速增加，后趋于稳定。

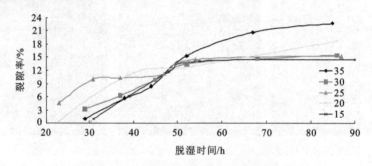

图 6-26　土样表面裂隙率与脱湿时间关系曲线

土样最终表面裂隙率 35080 样最大，其次为 20080 样，其他三个土样最终表面裂隙率相差不大，但从总体上表现为随初始含水率增加土样最终表面裂隙率增加（图 6-27）。

图 6-28 是经过处理后的不同初始含水率膨胀土样裂隙发育图，图中土样35080、30080 表面裂隙发育自土样中部开始，向四周扩展；土样 20080、15080 表面裂隙发育自土样周边开始，向中部扩展；土样 25080 表面裂隙同时从土体中部和周边开始发育扩展。在表面裂隙发育过程中，随初始含水率降低，细、微裂隙明显增多。土样表面裂隙发育过程中，细裂隙首先出现，随后裂隙延伸、扩展，相互连通，主裂隙逐步突显，主裂隙宽度增加，在裂隙发育到一个顶峰后，主裂隙宽度开始均

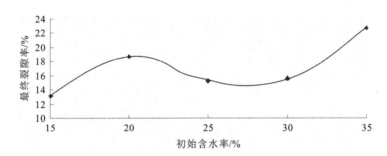

图 6-27 最终表面裂隙率

匀化发宽,细、微裂隙宽度变窄,部分细、微裂隙最后"消失",最后裂隙发育稳定。

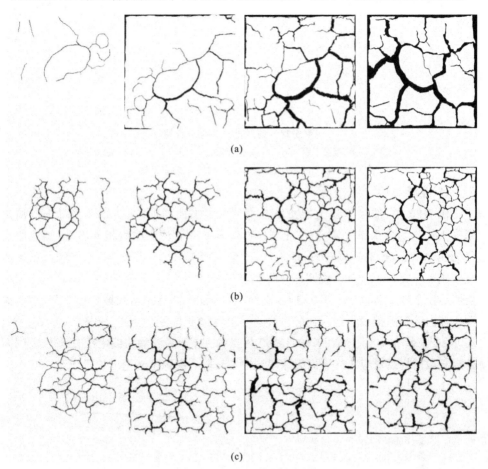

(a)

(b)

(c)

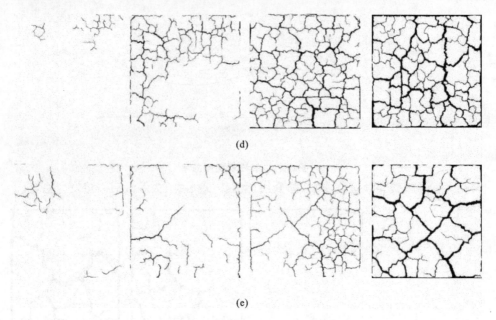

(d)

(e)

图 6-28　膨胀土样裂隙发育图

(a)土样 35080 裂隙发育；(b)土样 30080 裂隙发育；(c)土样 25080 裂隙发育；

(d)土样 20080 裂隙发育；(e)土样 15080 裂隙发育

（3）油渗试验

图 6-29 中，油渗率随土样初始含水率的增加而增加，高初始含水率土样油渗率高于低初始含水率土样，其中土样 20080 和 15080 油渗曲线相差不大，油渗曲线分为线性增长段、高速增长段、稳定段，土样 35080、30080、25080 高速增长段斜率明显大于土样 20080、15080，说明这一阶段 35080、30080、25080 竖向裂隙发育与连通程度明显比土样 20080 和 15080 要好，土样 20080、15080 高速增长段持续时间较长，说明土体内部裂隙扩展与连通比较缓慢。从高速增长段到稳定段，土样 35080、30080、25080 拐点约在 60h，土样 20080、15080 拐点约在 80h。油渗曲线上线性增长段到高速增长段的拐点对应土样表面裂隙率线性增长段到裂隙率减速增长段拐点。

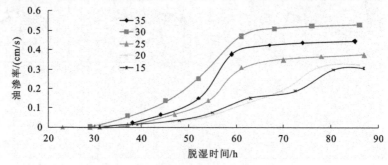

图 6-29　油渗率与脱湿时间关系曲线

图 6-30 中,裂隙率较小时油渗率呈线性增长,增长速率较低;当裂隙率增长到一定值时油渗率快速增加,不同初始含水率的试样油渗率进入快速增长段的裂隙率临界值约在 15%;当裂隙率接近最终裂隙率时,油渗率增长速度急骤变缓。

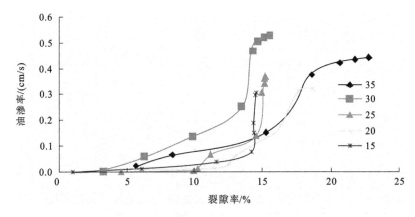

图 6-30　裂隙率与油渗率关系曲线

对不同初始含水率膨胀土裂隙率与油渗率曲线分段进行线性拟合,拟合结果如图 6-31 所示,可以看到油渗率随裂隙率变化的三个阶段(线性增长阶段、加速增长阶段、减速增长阶段)斜率有明显的区别,不同初始含水率膨胀土裂隙率与油渗率在三个不同阶段变化不同。初始含水率 35%、30% 膨胀土裂隙率与油渗率有明显的上述三个阶段;初始含水率 25% 膨胀土裂隙率与油渗率的变化分为缓慢、快速、急速增长三个阶段,与初始含水率 35%、30% 土样不同;初始含水率 20%、15% 膨胀土裂隙率与油渗率的变化分为缓慢、急速增长两个阶段。造成膨胀土裂隙率与油渗率的变化不同的原因在于:不同初始含水率的土样内部裂隙开裂与连通的过程不同。

图 6-32 中最终油渗率随初始含水率的增大而增大,说明随初始含水率的增大土样内部裂隙的连通程度也增大。其主要机理在于:微观试验结果表明相同压实度、不同初始含水率重塑膨胀土样总累积体积基本相同,因此从总体上看相同压实度、不同初始含水率重塑膨胀土的收缩开裂潜势是相同的,但不同初始含水率土样内部大孔径孔隙随初始含水率降低发生复杂变化,在高初始含水率下土样内部只有一种大孔径孔隙占主导地位,在低初始含水率下土样内部有多种大孔径孔隙共同主导,在脱湿过程中低初始含水率下土样内部裂隙发育要比高初始含水率下土样复杂。不同初始含水率重塑膨胀土样裂隙发育 CT 扫描分析也表明:含水率越高,试样收缩越明显,脱湿后整体性越强;随含水率的降低,土体内裂隙增多且竖向裂隙也增多,土样被裂隙分割得愈破碎。因此,在高初始含水率土样中容易形成优势的渗流通道,而在低初始含水率土样中虽然发育很多很复杂的裂隙,但这些裂隙

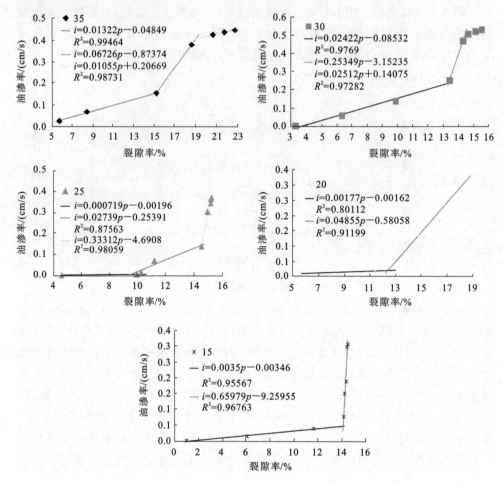

图 6-31 不同初始含水率膨胀土裂隙率与油渗率拟合曲线

中有很多不能够连通,不能形成很好的渗流通道,从而表现出最终油渗率随初始含水率的增大而增大。

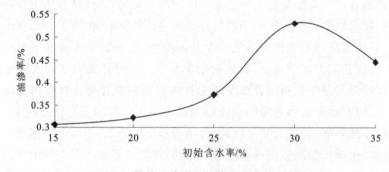

图 6-32 最终油渗率与初始含水率关系曲线

总之,不同初始含水率膨胀土样裂隙发育过程不同,高含水率土样表面裂隙发育自土样中部开始向周边扩展,较低含水率土样表面裂隙发育自土样周边开始向中部扩展;土样表面细、微裂隙随初始含水率降低明显增多;表面裂隙率较小时油渗率呈低速线性增长;表面裂隙率增长到一临界值时油渗率加速增长,临界值约在15%;裂隙率接近最终值时油渗率增长速度急骤变缓,最终趋于稳定;最终油渗率随初始含水率的增大而增大。

6.5　本章小结

本章对南阳重塑膨胀土样进行模型试验,通个数码拍照的方法观测记录膨胀土表面裂隙发育过程,探讨膨胀土裂隙扩展规律,采用油渗的方法分析膨胀土样在裂隙发育到不同阶段时通过流体的能力,油渗试验结果还可以用来间接定量分析土体裂隙扩展连通情况。

①初始含水率25%、压实度75%重塑膨胀土样脱湿开裂及油渗试验表明:

膨胀土裂隙发育主要分为四个阶段:失水不产生裂隙阶段、表面裂隙线性快速增长阶段、表面裂隙减速增长阶段、表面裂隙趋于稳定阶段。

随着表面裂隙率的增加,膨胀土样通过流体的能力增大,在不同裂隙发育阶段油渗规律不同,同时由于裂隙通过流体的能力要远大于膨胀土孔隙,因此可以用油渗结果来衡量膨胀土内部裂隙的扩展与连通情况:失水不产生裂隙阶段油渗率几乎为零;表面裂隙线性快速增长阶段油渗率呈线性增长,此时膨胀土内部裂隙扩展与连通也呈线性增长;表面裂隙减速增长阶段油渗率急骤增长,此时膨胀土内部裂隙急速扩展与连通;表面裂隙趋于稳定阶段油渗率减速增长,膨胀土内部裂隙扩展与连通速度放缓,当油渗率恒定时膨胀土内部裂隙的扩展与连通也最终完成。

②不同压实度膨胀土样在脱湿到一定程度后周边首先出现细裂隙,随后经历上述膨胀土裂隙发育四个阶段。低压实度土样表面细裂隙多于高压实度土样,土样表面主裂隙随压实度降低有由开放向连通闭合的趋势。

压实度85%、80%、75%、70%裂隙率低于9%,压实度65%裂隙率低于12%时油渗率呈低速线性增长。随后油渗率进入高速增长阶段,当裂隙率接近最终值时油渗率增长速度急骤变缓。油渗率的大小取决于土体内部裂隙的连通、扩展程度。对于不同压实度膨胀土,油渗率的大小由其内部黏土颗粒集聚体之间、集聚体及碎屑颗粒之间的大孔隙以及土体内部形成的优势渗流裂隙来决定,大孔隙在脱湿过程中的收缩代表了在空间上裂隙产生的可能,而后者主要是表明有多少裂隙能够参与到流体的渗流过程,因此裂隙稳定后土样最终油渗率先随压实度升高而降低,后随压实度降低而升高。

③不同初始含水率膨胀土样裂隙发育过程不同,高初始含水率土样表面裂隙发育自土样中部开始向周边扩展,较低初始含水率土样表面裂隙发育自土样周边开始向中部扩展;土样表面细、微裂隙随初始含水率降低明显增多。

油渗率随土样初始含水率增加而增加,油渗曲线分为线性增长段、高速增长段、减速增长段,高初始含水率土样比低初始含水率土样容易形成优势渗流通道,表现为在初期高初始含水率土样油渗率比低初始含水率土样要高,试样油渗率进入快速增长段的裂隙率临界值约在 15%,最终油渗率随初始含水率的增大而增大,其机理在于低初始含水率下土样内部由多种大孔径孔隙共同主导,导致在脱湿过程中土样内部被裂隙分割得很破碎,虽然存在很多裂隙但不容易形成优势的渗流通道。

7 南阳裂隙膨胀土室内降雨入渗试验研究

7.1 引　言

在大气降雨和蒸发的作用下,膨胀土体内部水分发生干湿循环的周期性变化,膨胀土在含水量降低时发生土体收缩,导致大量裂隙出现,而气候干湿循环等作用导致裂隙进一步扩展,在此过程中不均匀的胀缩会使土体产生无序的破裂裂隙。裂隙的发生与扩展一方面破坏土体的完整性,导致土体强度大幅度降低;另一方面为水分的渗流提供了通道,水分向深部渗透变得十分方便,雨水入渗后土体强度进一步衰减。在相同含水量的情况下,裂隙性膨胀土比同类非开裂土体具有更大的渗透性。孔令伟等(2007)[1]发现对于膨胀土边坡,持续的蒸发会导致膨胀土水分丧失、土体开裂,使得降雨的入渗更为容易。裂隙的垂直开展深度一般为 1m 左右,极少数裂隙会延伸到地下 2~4m。膨胀土地区的边坡滑坡,大都属于浅层滑坡类型。这与裂隙在土体内部的贯通和对水分的输送有很大关系。从地面到地下 2m 的范围之内,是裂隙开展和影响的主要区域,也是滑坡发生的主要区域。

常规试验中采用完整的土样进行渗透试验,裂隙性膨胀土的渗透系数往往要比完整土体的渗透系数高出好几个数量级,造成计算结果与实际情况大相径庭,因此常规渗透试验难以正确反映膨胀土的真实渗透性。因此,考虑裂隙对膨胀土渗透性的影响,对了解膨胀土的特性、指导工程设计和预防灾害具有十分重大的意义。

本章通过对裂隙膨胀土样进行室内模拟降雨试验,研究膨胀土裂隙发育不同程度时的渗透性能以及不同初始含水率相同压实度、相同初始含水率不同压实度的裂隙膨胀土在降雨入渗条件下的渗透规律。

7.2 土水特征曲线的测定

土水特征曲线(Soil Water Characteristic Curve,SWCC)起源于土壤学科,后来被成功引入非饱和土力学中。土力学中不仅要考虑土体成分及结构的影响,还要考虑应力状态的影响。SWCC描述了土体基质吸力与饱和度(或体积含水率,或质量含水率)之间的关系,反映了土体的持水能力。广义上讲,它反映的就是土体中孔隙的空间分布与变化情况。

SWCC在非饱和土力学理论的研究中发挥着极其重要的作用:①它能反映非饱和土的水力特性(液相在土体中的迁移规律);②它与非饱和土的力学性能紧密联系,可用它估算土的强度、变形和渗透系数;③它的数学模型是非饱和土的本构关系之一。一些学者甚至将其比作饱和土力学中的 e-$\lg p$ 曲线,可见其在非饱和土研究中的位置举足轻重。国内外学者已经在土体类型、初始含水率、干密度、孔隙比、应力历史等因素对膨胀土持水性能影响方面进行了较为系统的研究。压力板仪是目前测试非饱和土土水特征曲线的常用方法之一。

本节针对南阳膨胀土原状土样和重塑土样开展压力板试验测定土水特征曲线,研究土体持水特性,并采用 Van Genuchten 模型对实测的土水特征曲线进行拟合。

7.2.1 试验仪器

试验仪器采用美国 Soil Moisture 公司生产的陶土板进气值为 15bar 的压力板仪,试验仪器见图 7-1。

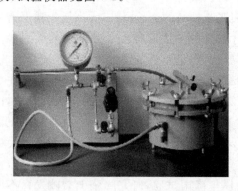
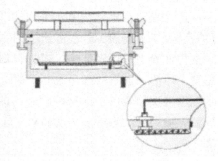

图 7-1 压力板仪

压力板仪主要由供气系统、调压阀、压力锅及盛水容量瓶等组成。供气系统由高压氮气瓶、减压阀组成。减压阀起粗调作用,将氮气瓶里的高压气体变成低压气体;调压阀起到细调作用,精确控制给压力锅输入的气压力值。试样中的水分在各级压力下溢出,排到盛水容量瓶中。用精密的电子天平可以量测出试样在各级吸力下平衡时的溢出水质量。试验过程中保持室温在 20℃ 左右,并且在压力锅锅底保留适量的蒸馏水,以减小土样内水分的蒸发对试验结果的影响。

7.2.2　试验过程

土样采用南阳膨胀土原状土样和重塑土样,使用环刀制样,原状土样采用不同的环刀取三个,重塑土样分两组:一组为干密度相同含水率不同,一组为含水率相同干密度不同。具体试样参数如表 7-1、表 7-2 所示。

表 7-1　　　　　　　　　　　　　　　原状土样参数

编号	100201	618221	618201
直径/mm	100	61.8	61.8
高/mm	20	22	20

表 7-2　　　　　　　　　　　　　　　重塑土样参数

干密度/(g/cm³)	1.57					
含水率/%	26	24	22	18	16	
干密度/(g/cm³)	1.75	1.7	1.65	1.6	1.55	1.5
含水率/%	20					

采用压力板仪测量试样脱湿过程中的土水特征曲线操作步骤如下:

①将试样和高进气值陶土板进行饱和,采用抽真空饱和法对制备好的试样进行饱和,而高进气值陶土板采用脱气压力(400kPa 左右)水进行饱和;

②将饱和的陶土板放在压力锅的支架上,连接好通往外部的排水管,取出饱和试样并测量其质量,迅速将试样逐层逐个放置在陶土板上并确定试样与陶土板表面接触良好,然后将压力室密封,并于出水处放好盛水容量瓶;

③将输出压力调节至略大于试验所需之压力,然后开启通往试样室管道阀门,分别调节粗细调压器手轮至所需压力,此时试样室可稳定保持表上所指压力;

④每个试样在同一级压力下的平衡时间不同,为了确定每个试样的平衡时间,试验采用精密电子天平每隔12h 或24h 快速称量一次试样,若24h 内前后两次读数变化值在 0.01g 内,即可认为已达到平衡;

⑤所有试样平衡后,然后按前述各步骤再进行下一级压力的测定,压力级数分别为 0.1bar、0.3bar、0.5bar、1bar、2bar、3bar、5bar、10bar;

⑥最后一级压力平衡后,将土样放入烘箱中干燥,在(105±2)℃ 的温度下烘干至恒重,称量干土质量。

7.2.3　试验结果与分析

（1）原状土样土水特征曲线

从图 7-2 可以看出,相同高度不同面积的原状土样曲线基本一致,即面积增加对试样持水特性没有影响;试样高度增加对土水特征曲线影响很大,试样高度较大的曲线明显上移,即试样高度增加使得在相同吸力下土样含水率增加,脱水难度增大。

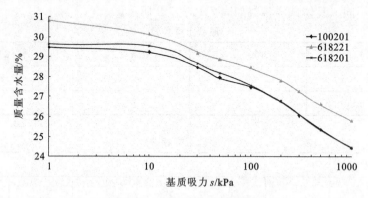

图 7-2　原状土样土水特征曲线

（2）重塑样土水特征曲线

图 7-3 和图 7-4 表明,在低吸力条件土样含水率随初始含水率的增加而增加,初始含水率为 22%、24% 的土样在 10～50kPa 区间内变化最大,初始含水率为16%、18% 的土样在 100～300kPa 区间内变化最大,初始含水率 26% 的土样在50kPa 以下含水率基本上没有变化。

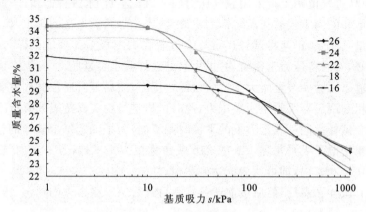

图 7-3　相同干密度不同初始含水率重塑土样土水特征曲线

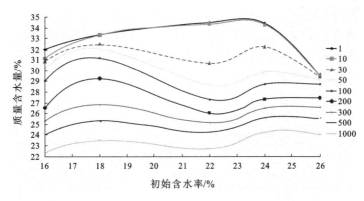

图 7-4　不同初始含水率试样在不同吸力下质量含水量

图 7-5 和图 7-6 中规律十分明显,干密度越低,含水量越高;在 30kPa 以后试样含水率发生急剧变化,干密度越低,含水率下降得越快;在 100kPa 以后各试样的含水率开始接近,在后期干密度低的试样含水率几乎一致。

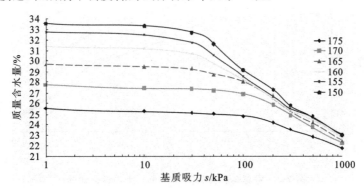

图 7-5　相同初始含水率不同干密度重塑样土水特征曲线

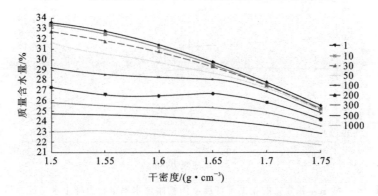

图 7-6　不同干密度试样在不同吸力下质量含水量

（3）考虑体积变化的土水特征曲线

膨胀土具有脱水收缩现象,体积必会发生一定的改变,因此用体积含水率代替（重力）含水率来表示土体的持水性能。方法是采用收缩试验成果来校正脱湿土样的实际体积含水率,公式如下：

$$\theta_{w_i} = w_i \frac{m_{\mathrm{dry}}}{V_0 \rho_w} \frac{1}{1 - (\lambda_{v1} + 2\lambda_{h1})(w_0 - w_i)} \quad (w_s < w_i \leqslant w_0)$$

$$\theta_{w_i} = w_i \frac{m_{\mathrm{dry}}}{V_0 \rho_w} \frac{1}{1 - (\lambda_{v2} + 2\lambda_{h2})(w_s - w_i)} \quad (w_i \leqslant w_s)$$

式中：λ_{v1} 和 λ_{h1} 是收缩曲线中含水率高于缩限时的收缩系数；λ_{v2} 和 λ_{h2} 是收缩曲线中含水率低于缩限时的收缩系数,其中,$\lambda_v = \lambda_h$。对试验所得土水特征曲线进行修正,其结果如下（图 7-7～图 7-9）。

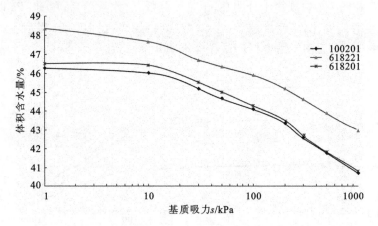

图 7-7　考虑体积变化的原状土样土水特征曲线

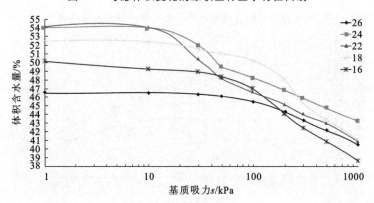

图 7-8　考虑体积变化的相同干密度不同初始含水率重塑土样土水特征曲线

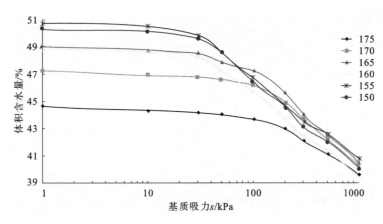

图 7-9　考虑体积变化的相同初始含水率不同干密度重塑土样土水特征曲线

（4）土水特征曲线的模型拟合

压力板试验结果为一系列点，为了将其变成连续的函数用于计算，人们通过不同的方法提出许多 SWCC 模型，其中代表性的模型如表 7-3 所示。

表 7-3　　　　　　　　　　　　　　典型的 SWCC 模型

研究者	模型表达式	模型参数
Gardner(1958)[2]	$S_e = 1/(1+qs^n)$	q, n, θ_s, θ_r
Brooks & Corey(1966)[3]	$S_e = (s_a/s)^\lambda$	$s_a, \lambda, \theta_s, \theta_r$
Van Genuchten(1980)[4]	$\theta(h) = \begin{cases} \theta_r + \dfrac{\theta_s - \theta^r}{(1+\|ah\|^n)^m} & (h<0) \\ \theta_s & (h \geqslant 0) \end{cases}$	$a, m, n, \theta_s, \theta_r$
Williams(1982)[5]	$\ln s = a_1 + b_1 \ln\theta$	a_1, b_1
Fredlund & Xing(1994)[6]	$\theta = C(s)\theta_s \{\ln[e+(s/a)^n]\}^m$ $C(s) = 1 - \ln(1+s/s_r)/\ln(1+10^6/s_r)$	a, m, n, θ_s, s_r
Feng & Fredlund(1999)	$\theta(s) = (\theta_s b + cs^d)/(b+s^d)$	b, c, d, θ_s

其中：S 为吸力；θ 为含水率；S_e 为有效饱和度，$S_e = (\theta - \theta_r)/(\theta_s - \theta_r)$，$\theta_s$、$\theta_r$ 分别为饱和、残余含水率；s_a 为进气值，其他符号为各模型各自的拟合参数。这些模型中，Brooks & Corey 模型最为简单，且模型中的参数也具有明确的物理意义；Van Genuchten 和 Fredlund & Xing 两个模型拟合效果最好，因此这三个模型在非饱和土力学中最为常用。本书采用 Van Genuchten 模型进行拟合，拟合结果（表 7-4、表 7-5、表 7-6）表明 Van Genuchten 模型能够较好地模拟原状膨胀土的土

水特征曲线。

表 7-4　　　　　　　　　原状土样土水特征曲线拟合参数

试样编号	模型参数						
	θ_s	θ_r	a	n	m	l	R^2
100201	0.4627	0.0684	0.01887	1.0513	0.048797	0.5	0.998
618201	0.4651	0.0713	0.02114	1.0508	0.048344	0.5	0.999
618221	0.4846	0.0815	0.09657	1.0319	0.030914	0.5	0.996

表 7-5　　　不同初始含水率相同干密度重塑土样土水特征曲线拟合参数

初始含水率/%	模型参数						
	θ_s	θ_r	a	n	m	l	R^2
26	0.4651	0.1897	0.003249	1.1806	0.152967	0.5	0.998
24	0.5402	0.1658	0.021122	1.1108	0.099764	0.5	0.996
22	0.5422	0.0818	0.046948	1.0874	0.080375	0.5	0.995
20	0.5248	0.0653	0.007428	1.1354	0.119253	0.5	0.997
18	0.5016	0.0463	0.01063	1.1193	0.106584	0.5	0.998

表 7-6　　　相同初始含水率不同干密度重塑土样土水特征曲线拟合参数

干密度/(g/cm^{-3})	模型参数						
	θ_s	θ_r	a	n	m	l	R^2
1.75	0.4466	0.2144	0.005873	1.1313	0.116061	0.5	0.992
1.7	0.4726	0.1267	0.005669	1.1215	0.108337	0.5	0.996
1.65	0.4907	0.0837	0.006469	1.1204	0.107462	0.5	0.998
1.6	0.4892	0.0537	0.014832	1.0895	0.082148	0.5	0.991
1.55	0.5079	0.0518	0.01639	1.0873	0.080291	0.5	0.997
1.5	0.5034	0.0512	0.01913	1.0862	0.079359	0.5	0.994

7.3 相同初始状态膨胀土不同裂隙发育程度室内降雨入渗试验研究

将含水率 25％、压实度为 75％、尺寸为 30cm×30cm×4.5cm（高）的 6 个平行膨胀土试样浸水饱和后放入恒温恒湿箱进行脱湿，设定恒定温度 45℃和相对湿度 35％，分别脱湿 96h、79h、63h、48h、39h、30h，进行室内降雨入渗试验。

试验时土体上表面设置排水管收集径流，土体下表面设置滤网，土体的上表面为降雨入渗边界，下表面为自由出渗边界。用降雨器的水位微调人工降雨的强度。试验中采用降雨强度约为 $2.67×10^{-4}$ m/s，观察土样表面，记录试样表面积水径流时间及每 5min 渗流出水量。用量筒量测渗出土体的雨水，用天平量测排水管出溢的径流量，以准确确定降雨的入渗量。根据试样渗流稳定时间，确定试验时间为1h，以下是试验结果整理与分析。

（1）膨胀土试样径流开始时间

土样径流开始时间与试样脱湿时间、试样平均含水率、试样表面裂隙率关系曲线如图 7-10～图 7-12 所示。

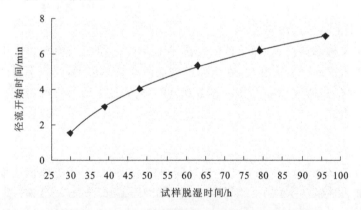

图 7-10 土样径流开始时间与试样脱湿时间关系曲线

可以看出：径流开始时间与试样脱湿时间关系曲线近似于抛物线；径流开始时间与试样平均含水率关系曲线近似于直线；径流开始时间与试样表面裂隙率关系曲线近似于折线，折线前段斜率远小于后段斜率，折点处裂隙率与上述膨胀土裂隙发育四个阶段中第二阶段与第三阶段转折点相对应。

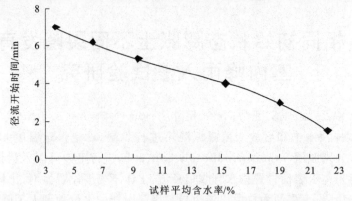

图 7-11　土样径流开始时间与试样平均含水率关系曲线

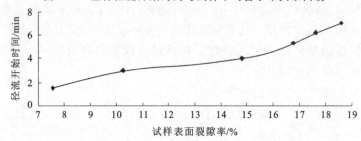

图 7-12　土样径流开始时间与试样表面裂隙率关系曲线

（2）膨胀土试样入渗率

入渗率又称渗透速率，即单位时间内地表单位面积的入渗水量。土体在降雨入渗过程中入渗率会发生变化，在入渗的初始阶段速率较大，到一定时间后速率趋于稳定，此时的渗透速率称为稳定入渗率，可用以表征土壤的渗透特性。因为试验中的土样厚度较小，出流量即为入渗水量，入渗率可用以下公式计算：

$$i = \frac{V}{At}$$

式中：i 为入渗率，cm/s；V 为一定时间出流量，cm³；A 为土样截面面积，cm²；t 为入渗时间，s。

根据记录数据计算试样平均入渗率，见图 7-13。从渗透时间与平均入渗率关系曲线（由于数据数量级的差异，15min 以后的曲线难以区分，因此将其放大）上可以看出：在降雨入渗初期，入渗率随时间衰减很快，在 15min 内降低了两个数量级，脱湿时间越长的试样初期入渗率越高，衰减得也越快；入渗率在较短的时间内就开始趋于稳定，脱湿时间不同的试样在降雨入渗后期的规律表现得不明显，为了找出其规律，作出试样脱湿时间与平均入渗率关系曲线（图 7-14）及试样表面裂隙率与平均入渗率关系曲线（图 7-15），图中表现出了明显的规律性。

平均入渗率与入渗时间可以用下式拟合：

$$i = A\exp(-t/\alpha) + i_f$$

式中：i_f 为稳定入渗率；α 为控制入渗率随时间变化的参数；A 为与初始入渗率和稳定入渗率差值有关的量。

拟合结果见表 7-7，拟合曲线见图 7-16。

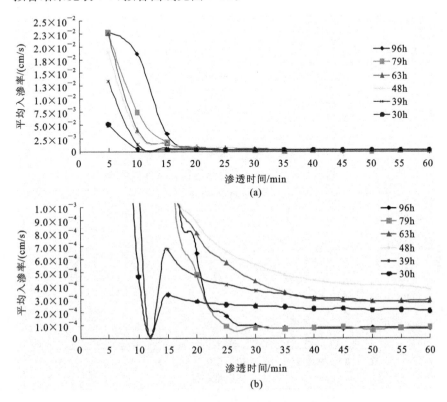

图 7-13　渗透时间与平均入渗率关系曲线

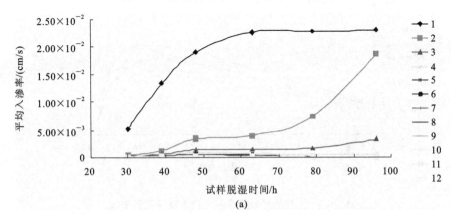

(a)

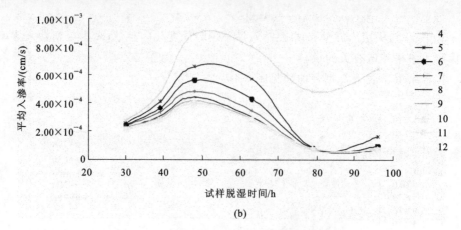

(b)

图 7-14　试样脱湿时间与平均入渗率关系曲线

（图中 1～12 条曲线上的点分别表示不同裂隙发育试样在
第 1～12 个 5min 所对应的平均入渗率，自第 3 条曲线以下由于数量级的关系将其放大）

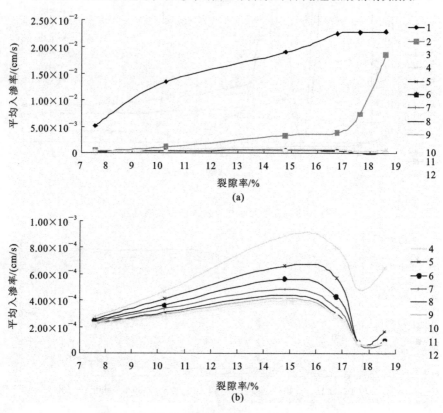

图 7-15　试样表面裂隙率与平均入渗率关系曲线

表 7-7   平均入渗率与渗透时间拟合参数

脱湿时间/h		96	79	63	48	39	30
拟合参数	i_f	7.64×10^{-5}	7.05×10^{-5}	4.13×10^{-4}	5.28×10^{-4}	3.59×10^{-4}	2.41×10^{-4}
	A	0.61782	0.14813	0.13002	0.11282	0.18100	0.10240
	α	2.85130	3.33540	2.81955	2.76221	1.90080	1.64690
	R^2	0.99993	0.99945	0.99973	0.99877	0.99893	0.99925

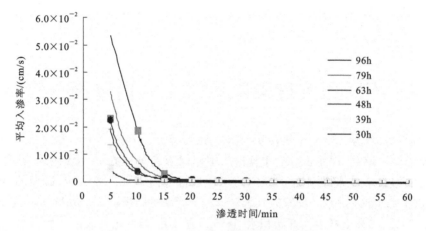

图 7-16   平均入渗率与渗透时间拟合曲线

图 7-14 中可以看出:在第 1 条曲线上入渗率随脱湿时间的增加而增加;第 2 条曲线上脱湿时间为 79h、63h、48h 的试样入渗率发生了急剧衰减;第 3 条曲线上入渗率进一步衰减,其中脱湿时间为 96h 的试样入渗率急剧衰减,所有试样入渗率趋于同一数量级;自第 4 条曲线起所有试样的入渗率处于同一数量级,但衰减规律不同,脱湿时间 30h 的试样很快达到稳定,脱湿时间 96h、79h 的试样在初期入渗率大,但衰减迅速,在很短的时间达到稳定,脱湿时间 63h、48h、39h 的试样经历初期快速衰减后衰减速度明显放缓,达到稳定的时间较长;稳定后的试样入渗率与试样脱湿时间有明显的规律,开始随脱湿时间增加而增加,达到峰值后开始缓慢减小,到脱湿至近于完全干燥时略有所增加。

在图 7-15 中,第 1 条曲线中裂隙率越大,对应入渗率越高,曲线上最后两点入渗率基本相同,这是因为在此时试样渗水能力要大于等于降雨量,即此时降落的雨水量除土体吸收部分外全部渗出;第 2、3 条曲线相对于第一条曲线发生了急剧的衰减,这两条曲线近似于折线,折点处裂隙率与膨胀土裂隙发育四个阶段中第二阶段与第三阶段转折点相对应;自第 4 条曲线起,曲线的形态相同,试样平均入渗率随试样表面裂隙率呈线性增长,增长到一个峰值后迅速降低,在裂隙完全发育即试样脱湿到接近于完全干燥时略有所增加;不同表面裂隙试样降雨入渗后得到的稳定入渗率并不相同,稳定入渗率最大的点是试样裂隙随时间变化曲线图中表面裂隙率由加速发展阶段到减速发展阶段的拐点,同时也是土样裂隙率与油渗率关系曲线中加速增长阶段到减速增长阶段的拐点,稳定入渗率最小的点是接近于最大裂隙率的点。

由以上试验结果及分析可以得出:膨胀土试样在脱湿开裂到不同阶段时其入渗率是不相同的,有明显的规律性;降雨入渗的初期入渗率的衰减最为迅速,也说明在降雨入渗的初期土样裂隙很快闭合;试样的脱湿时间、平均含水率、表面裂隙率与降雨过程中径流出现的时间及试样的入渗率有明显的对应关系;不同脱湿时间试样最终稳定后的入渗率并不相同。

7.4 不同压实度裂隙膨胀土室内降雨入渗试验

将含水率为 18%,压实度为 85%、80%、75%、70%、65%,尺寸为 30cm×30cm×4.5cm(高)浸水饱和后土样放入恒温恒湿箱进行脱湿,设定恒定温度 45℃和相对湿度 35%,将裂隙发育稳定的土样进行室内降雨入渗试验,试样编号分别分 18085、18080、18075、18070、18065。降雨入渗试验开始 2~3min 压实度 80%、75%、70%、65%土样表面开始积水,18 min 压实度 85%土样表面开始积水。

图 7-17 中平均入渗率随降雨渗透时间增加迅速衰减,压实度 80%、75%、70%、65%土样在 10min 内衰减两个数量级,压实度 85%土样在 30min 内衰减两个数量级,说明土体在降雨后裂隙迅速闭合。从图 7-17 中可以看出初始平均入渗率随压实度的降低而降低,压实度 85%土样在 20min 内入渗率都处于同一数量级,表示此时降雨量要小于土样出流能力,除被土体吸收的水外,其余的水全部流出;土样入渗率经短时间急骤衰减后数量级相同(10^{-4});压实度 65%土样后期入渗率缓慢增加。

采用公式 $i = A\exp(-t/\alpha) + i_f$ 对平均入渗率与渗透时间拟合,压实度 85%降雨初期裂隙入渗能力大于降雨量,入渗率只与降雨量有关,与时间无关,因此对入渗前期的 3 个数据点不进行拟合。拟合结果见表 7-8 和图 7-18。

表 7-8　　　　　　　　　平均入渗率与渗透时间拟合参数

压实度/%		85	80	75	70	65
拟合参数	i_f	3.96×10^{-4}	6.45×10^{-5}	4.64×10^{-5}	1.51×10^{-4}	3.43×10^{-4}
	A	1.80314	0.12892	0.09084	0.13351	0.48042
	α	4.70512	2.38466	2.76205	2.01375	1.17298
	R^2	0.97337	0.99975	0.99917	0.99992	0.96584

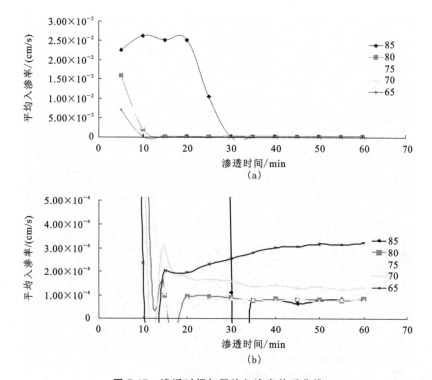

图 7-17　渗透时间与平均入渗率关系曲线

在图 7-19 中,1~12 条曲线上的点分别表示不同脱湿时间试样在第 1~12 个 5min 所对应的平均入渗率,自第 5 条曲线以下由于数量级的关系将其放大,可以看出:初始平均入渗率随压实度的升高而升高,呈现近于直线关系;压实度越小的土样,入渗率急骤衰减过程越先完成,自第 6 条曲线后土样入渗率都处于 10^{-4} 数量级,入渗率呈现先随压实度增大而减小而后基本相同。

总之,不同压实度下裂隙膨胀土初始入渗率随压实度增大而增大,近于线性关系,其后短时间内急骤衰减,压实度大的土样衰减稍慢一些,后期土样平均入渗率都处于 10^{-4} 数量级,稳定后平均入渗率先随压实度增大而减小而后基本相同。

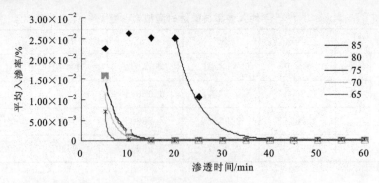

图 7-18 平均入渗率与渗透时间拟合曲线

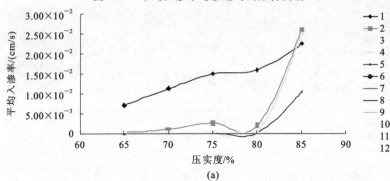

(a)

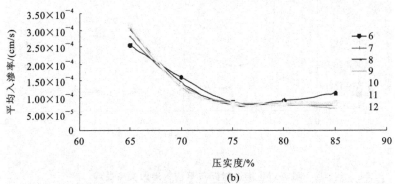

(b)

图 7-19 压实度与不同时间渗透平均入渗率关系曲线

（图中 1～12 条曲线上的点分别表示不同压实试样在第 1～12 个 5min
所对应的平均入渗率，自第 5 条曲线以下由于数量级的关系将其放大）

7.5 不同初始含水率裂隙膨胀土室内降雨入渗试验

将初始含水率为 35％、30％、25％、20％、15％，压实度为 80％，尺寸为 30cm×

30cm×4.5cm(高)浸水饱和后土样放入恒温恒湿箱进行脱湿,设定恒定温度45℃和相对湿度35%,待裂隙发育稳定后进行室内降雨入渗试验,试样编号分别为35080、30080、25080、20080、15080。

表面径流开始时间随土样初始含水率增加而增加(图7-20),初始含水率较低条件土样表面径流开始时间基本相同,土样35080表面35 min才开始积水发生径流。

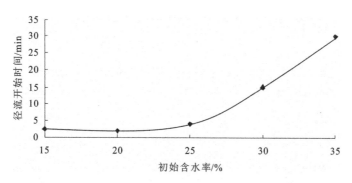

图 7-20　径流开始时间与初始含水率关系曲线

图7-21~图7-22显示:不同初始含水率土样平均入渗率变化区别很大,平均入渗率的衰减速率随初始含水率的升高而降低,土样20080、15080在极短时间内入渗率完成衰减达到稳定,土样30080、25080平均入渗率在前3个入渗时间段土样衰减迅速,其后衰减速度减缓,土样35080经历较长时间衰减才趋于稳定。

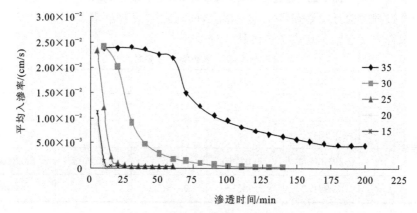

图 7-21　渗透时间与平均入渗率关系曲线

图7-23中土样35080稳定后平均入渗率为$4.66×10^{-3}$cm/s,其他四个样基本相同,约为$4×10^{-4}$cm/s。

采用公式$i=A\exp(-t/\alpha)+i_f$对平均入渗率与渗透时间拟合,初始含水率35%降雨初期裂隙入渗能力大于降雨量,入渗率只与降雨量有关,与时间无关,因

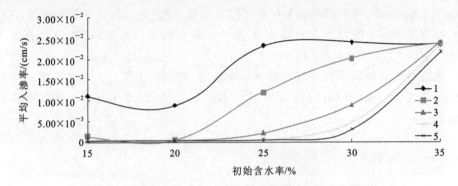

图 7-22　初始含水率与前 5 个入渗时间段入渗率关系曲线

（图中 1～5 条曲线上的点分别表示不同初始含水率试样在第 1～5 个时间段所对应的平均入渗率）

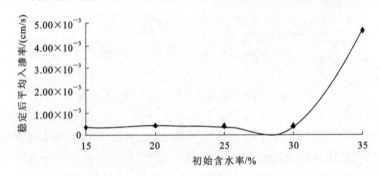

图 7-23　稳定后平均入渗率与初始含水率关系曲线

此在拟合过程中前五个数据点不进行拟合，同理对初始含水率 30% 第一个数据点不进行拟合。拟合结果见表 7-9 和图 7-24。

表 7-9　　　　　　　　　　　　　平均入渗率与渗透时间拟合参数

初始含水率/%		35	30	25	20	15
拟合参数	i_f	4.8×10^{-3}	6.54×10^{-4}	1.38×10^{-4}	4.26×10^{-4}	3.26×10^{-4}
	A	0.12421	0.08971	0.05672	0.80894	0.10204
	α	29.37593	13.03710	5.70737	1.09508	2.22400
	R^2	0.98132	0.99535	0.98022	0.99987	0.99997

　　总之，不同初始含水率土样初始平均入渗率数量级相同，但各个土样平均入渗率变化区别很大，虽然都经历衰减阶段，但衰减速率与持续时间明显不同，初始含水率高的土样衰减速率较低、持续时间长。土样稳定后平均入渗率除极高初始含水率土样外，其他基本相同，约为 4×10^{-4} cm/s。

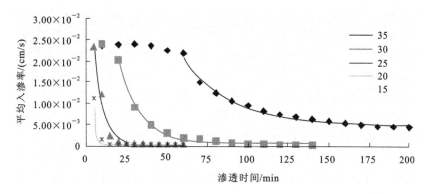

图 7-24　平均入渗率与渗透时间拟合曲线

7.6　本章小结

本章对南阳膨胀土原状土样和重塑土样开展压力板试验,对在裂隙发育到不同阶段的裂隙膨胀土样,相同含水率不同压实度、相同压实度不同初始含水率的裂隙膨胀土样进行了降雨入渗试验,研究不同裂隙膨胀土在降雨入渗条件下的渗透规律。

①从原状土样土水特征曲线中可以看出,相同高度不同面积的原状土样土水特征曲线基本一致,试样高度增加对土水特征曲线影响很大,试样高度较大的土水特征曲线明显上移,即试样高度增加使得在相同吸力下土样含水率增加,脱水难度增大。

②初始含水率不同的重塑膨胀土样土水特征曲线差异很大,在极低吸力条件下土样含水率随初始含水率的增加而增加,不同初始含水率土样在不同基质吸力区间内变化不同。

③不同干密度的重塑膨胀土样土水特征曲线规律性十分明显,低吸力条件下干密度越低,含水量越高;在 30kPa 以后试样含水率发生急剧变化,干密度越低,含水率下降得越快;在 100kPa 以后各试样的含水率开始接近,最终试样含水率几乎一致。

④同种土样不同裂隙发育阶段降雨入渗试验中土样径流开始时间、平均入渗率与试样脱湿时间、试样平均含水率、试样表面裂隙率、油渗率有良好的对应关系;降雨入渗试验初期平均入渗率随脱湿时间的增加而增加,入渗率短时间内快速衰减,在较短的时间内就开始趋于稳定;降雨入渗试验中期不同脱湿时间试样的平均入渗率处于同一数量级;脱湿时间 30h 的试样很快达到稳定,脱湿时间 96h、79h 的

试样在初期平均入渗率大,但衰减迅速,在很短的时间达到稳定,脱湿时间63h、48h、39h 的试样经历初期快速衰减后衰减速度明显放缓,达到稳定的时间较长;降雨入渗试验稳定后的试样平均入渗率随脱湿时间线性增加而增加,达到峰值后开始缓慢减小,脱湿到近于完全干燥时略有增加。

⑤不同压实度下裂隙膨胀土初始平均入渗率随压实度的增大而增大,近于线性关系,其后短时间内急骤衰减,压实度大的土样衰减稍慢一些,后期土样平均入渗率都处于 10^{-4} 数量级,稳定后平均入渗率先随压实度增大而减小而后基本相同。

⑥不同初始含水率土样初始平均入渗率数量级相同,但各个土样平均入渗率变化区别很大,虽然都经历衰减阶段,但衰减速率与持续时间明显不同,初始含水率高的土样衰减速率较低、持续时间长。土样稳定后平均入渗率除极高初始含水率土样外,其他基本相同,约为 4×10^{-4} cm/s。

☯ 注释

[1] 孔令伟,陈建斌,郭爱国,等.大气作用下膨胀土边坡的现场响应试验研究[J].岩土工程学报,2007,29(7):1065-1073.

[2] Gardner W R . Some Steady State Solutions of the Unsaturated Moisture Flow Equation with Application to Evaporation from a Water Table [J]. Soil Science,1958,85(4):228-232.

[3] Brooks R H,Corey A T. Properties of Porous Media Affecting Fluid Flow[J]. Journal of Irrigation and Drainage Engineering (ASCE),1966,92(2):61-88.

[4] Van Genuchten M T. A Closed-form Equation for Predicting the Hydraulic Conductivity of Unsaturated Soils [J]. Soil Science Society of America Journal,1980(44):892-898.

[5] Williams P J. The Surface of the Earth,an Introduction to Geotechnical Science [M]. New York:Longman Inc. ,1982.

[6] Fredlund D G,Xing A. Equations for the Soil-water Characteristic Curve [J]. Canadian Geotechnical Journal,1994(31):521-531.

8 裂隙膨胀土双重孔隙介质渗流模型

8.1 引　　言

降雨条件下膨胀土边坡的渗流分析是典型的非饱和渗流问题,非饱和入渗是目前研究的热点之一。张家发(1997)[1]采用有限元法求解考虑降雨入渗补给条件的三维饱和非饱和非稳定渗流问题,模拟三峡船闸高边坡饱和-非饱和渗流场。吴宏伟、陈守义(1999)[2]针对中国香港地区的一种典型非饱和斜坡,用有限元方法模拟二维雨水入渗引起的暂态渗流场,将暂态孔隙水压力分布引入边坡极限平衡分析中,得到相应时刻的安全系数。朱伟等(1999)[3]通过大型降雨渗透试验实测土堤内湿润锋的变化和水分移动,并用有限元法对其进行饱和-非饱和渗流分析。马佳(2007)[4]借鉴国内外土壤优势流的研究成果,将优势流的概念引入裂土边坡渗流和稳定性分析中来,采用理论分析与试验相结合的方法建立了二维的裂土优势流模型,数值模拟揭示了裂土优势流对裂土边坡渗流场和稳定性的影响。

在脱湿的过程中,膨胀土原有的结构会遭到破坏,土体会收缩开裂,裂隙发育程度与脱湿环境、土体初始的物理状态有密切的关系,膨胀土中裂隙的存在对其渗透特性会产生重要的影响,裂隙网络为雨水入渗提供了良好的通道。试验表明,裂隙膨胀土的渗透系数比完整土体的渗透系数高出好几个数量级,降雨过程中浅层裂隙土体大量吸收水分,吸力骤降,在裂隙层发育的末端渗透性相对较低,形成相对不透水层,上部入渗的雨水在此交界面汇集,交界面处的土体很快达到饱和,形成饱和软化带,强度随着降雨的发展逐渐丧失,一旦这种饱和软化带贯通,就会形成浅层滑坡灾害。考虑裂隙对膨胀土渗透性的影响十分必要,因此本章将双重孔隙介质渗流模型引入裂隙膨胀土渗流中,建立裂隙膨胀土双重孔隙介质渗流模型。

8.2 不考虑裂隙的饱和-非饱和渗流

关于早期降雨入渗问题的研究主要集中在土壤学、农田灌溉等方面,经过长期发展,入渗问题在许多学科中得到重视和研究。农田水利界主要关注灌溉水和降雨在土壤中的入渗过程、分布规律、土壤水分的蒸发以及农作物对水分的吸收等;水文地质界主要关心降雨补给引起的地下水位的变化;而岩土工程界则主要关心降雨入渗对非饱和土坡吸力场的影响,吸力的骤降或丧失会引起非饱和土抗剪强度的降低,从而引发边坡失稳或滑坡。

降雨入渗问题的研究经历由一维→二维→三维的发展过程,对入渗的数学描述经历经验公式→简单物理模型→一般的数学物理模型的发展过程。

8.2.1 入渗经验公式

经验公式通常是一些简单函数,其参数通过拟合实测累积入渗量与降雨持续时间关系而获得,常见的有 Kostiakov(1932)入渗公式,Horton(1933,1939)入渗公式,Mezencev(1957)入渗公式,SCS(USDA Soil Conservation Service,1957)入渗公式,Holtan(1961)入渗公式,Boughton(1966)入渗公式,下面简单介绍其中两种。

Kostiakov 于 1932 年在对苏联土壤做了大量实验后提出入渗公式:

$$I = \gamma t^{\alpha} \tag{8-1}$$

Kostiakov 入渗率形式:

$$i = \frac{\mathrm{d}I}{\mathrm{d}t} = \alpha \gamma t^{\alpha-1} \tag{8-2}$$

式中:I 为从 0 到 t 时段的累积入渗量;I 和 α 为经验常数,没有特定的物理含义,通过实验数据拟合求得。

Horton(1933,1939)入渗公式:

$$i = i_f + (i_0 - i_f)\exp(-\beta t) \tag{8-3}$$

累积入渗量形式:

$$I = i_f t + (i_0 - i_f)[1 - \exp(-\beta t)]/\beta \tag{8-4}$$

式中:i_0 为 $t=0$ 时初始入渗率,i_f 为稳定入渗率,β 为描述入渗降低速率的参数。

Horton 认为入渗率随时间减小的主要原因是由于土壤胶体的膨胀封闭了小的裂隙,逐渐密闭了土壤表面及改善了雨滴打击裸土土面造成土壤表面状况恶化的情况。

这些经验公式只能反映累积入渗量和入渗率随时间变化,不能反映含水量的分布。另外,绝大多数经验公式是基于地表有积水时的入渗情形,不能解决一般性的入渗问题。

8.2.2 入渗物理模型

Green 和 Ampt(1911)首先提出了一个有一定物理意义的入渗模型。Green-Ampt 模型从最初描述干土积水入渗问题发展到描述降雨入渗问题(Mein& Larson,1973),多层土入渗问题(Flerchiger et al. ,1988)等。

Green-Ampt 模型研究的是干土积水入渗问题,其基本假定是:含水量的分布呈活塞状,有明显的水平湿润锋,入渗前含水率均匀分布,入渗前含水量在湿润锋处陡降,湿润锋以上区域含水率为常数。记 i 为入渗率,I 为累积入渗量,K_s 为饱和渗透系数,Z_f 为湿润锋面的位置,h_s 为地表处的压力水头,h_f 为湿润锋处的负压水头,θ_s 为饱和体积含水率,θ_0 为初始体积含水率。Green-Ampt 模型参数和含水率剖面如图 8-1 所示。

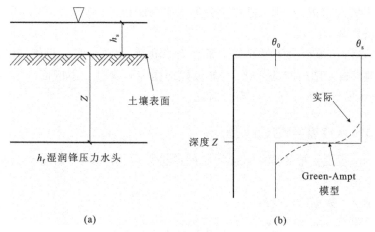

(a)　　　　　　　　　　　(b)

图 8-1　Green-Ampt 模型参数和含水率剖面示意图

(a) Green-Ampt 模型参数;(b) 含水率剖面

Green-Ampt 基本模型公式如下:

$$i = K_s \frac{Z_f + h_s - h_f}{Z_f} \tag{8-5}$$

$$I = (\theta_s - \theta_0)Z_f \tag{8-6}$$

$$t = \frac{\theta_s - \theta_0}{K_s}\left[Z_f - (h_s - h_f)\ln\frac{Z_f + h_s - h_f}{h_s - h_f}\right] \tag{8-7}$$

式中:t 表示湿润锋面到达 Z_f 处的时间。

由式(8-7)可知,$i(t)$ 和 $I(t)$ 的关系是隐式形式的,在实际应用中,求解式(8-7)不太方便。Salvucci 和 Entekhabi(1994)[5] 提出了一个显式形式的 Green-Ampt 模

型,两者的相对误差小于2%。该模型的表达式如下:

$$\frac{I}{K_s} = \left(1 - \frac{\sqrt{2}}{3}\right)t + \frac{\sqrt{2}}{3}\sqrt{\chi t + t^2} + \frac{\sqrt{2}-1}{3}\chi[\ln(t+\chi) - \ln\chi] +$$

$$\frac{\sqrt{2}}{3}\chi\left[\ln\left(t + \frac{\chi}{2} + \sqrt{\chi t + t^2}\right) - \ln\frac{\chi}{2}\right] \tag{8-8}$$

$$\frac{i}{K_s} = \frac{\sqrt{2}}{2}\frac{1}{\sqrt{\tau}} + \frac{2}{3} - \frac{\sqrt{2}}{6}\sqrt{\tau} + \frac{1-\sqrt{2}}{3}\tau \tag{8-9}$$

其中:

$$\chi = \frac{(h_s - h_f)(\theta_s - \theta_0)}{K_s}, \quad \tau = \frac{t}{t + \chi}$$

选取合理的 K_s 和 h_f 是 Green-Ampt 模型获得良好的结果的关键,由于地表含水率 θ_{surf} 是比饱和含水率 θ_s 小的值,因此入渗公式中的 $(\theta_s - \theta_0)$ 应采用 $(\theta_{surf} - \theta_0)$,相应的 K_s 也应采用 K_{surf},Bouwer(1996)建议 $K_{surf} = 0.5K_s$,关于 h_f 的确定,Bouwer(1969)建议 h_f 为进气值对应的负压水头的一半,Mein 和 Larson(1973)[6] 还给出了积分形式的 h_f。

Green-Ampt 模型只能描述一维垂直入渗问题,由模型只能提供入渗率、累积入渗率和湿润锋面随时间的变化,不能很好地描述入渗过程中剖面含水量分布的变化,不能够提供孔隙水压力分布的信息。

8.2.3 入渗数学物理模型

Richards 模型是描述降雨入渗问题的严格数学物理模型,它基于达西定律和质量守恒定律。

Richards 扩散型 (θ) 方程:

$$\frac{\partial \theta}{\partial t} = \frac{\partial}{\partial z}\left(D(\theta)\frac{\partial \theta}{\partial z}\right) + \frac{\partial K(\theta)}{\partial z} \tag{8-10}$$

Richards 方程的基质势形式(方程):

$$C(h)\frac{\partial h}{\partial t} = \frac{\partial}{\partial z}\left(K(h)\frac{\partial h}{\partial z}\right) + \frac{\partial K(h)}{\partial z} \tag{8-11}$$

Richards 方程没有解析解,只有基于某些简化假设下的级数解(如 Philip, 1957;Parlange,1971,1972)和数值解。目前,求解 Richards 方程的方法是有限差分法和有限元法。一维 Richards 方程的数值解法已在 Gottardi & Venutelli (1993)的文章中详述。二维和三维 Richards 方程的数值解法类似,只是三维问题在空间离散上要比二维问题复杂很多。Neuman(1974)详述了用 Galerkin 有限元求解二维 Richards 方程的方法。一般降雨入渗中水分在一维土体中运动的三个过程,即入渗、水分重分布和排水过程,可以通过 Richards 模型进行很好的模拟。

8.3 裂隙膨胀土双重孔隙介质渗流模型概述

膨胀土在脱湿的过程中孔隙会收缩,孔隙体积减小,土样出现裂隙;在增湿的过程中裂隙体积要减小,孔隙体积增大;干湿过程中固体骨架也要发生变形。降雨入渗时水在裂隙、孔隙中流动,裂隙中的水与固体结构在固液(土水)接触界面上有相互作用,接触面上有力、位移的变化;孔隙中的水与固体(土颗粒)没有明确的分界面。因此,在裂隙膨胀土中存在具有明显差异的渗流活动。

裂隙膨胀土在水入渗过程中一方面裂隙会闭合,渗透系数减小;另一方面入渗过程中土体吸水膨胀,颗粒间排列变得相对疏松,孔隙增大,随着入渗时间的增加,土体内孔隙渗透性增强;降雨入渗过程中水的入渗由裂隙和孔隙共同承担,入渗初期裂隙渗流占主导地位,入渗后期裂隙、孔隙渗透能力开始接近,整个土体的渗流由裂隙、孔隙共同决定。因此,可以将裂隙膨胀土看成双重孔隙(裂隙-孔隙)介质,裂隙和孔隙均作为独立的连续孔隙相,均存在水压力和饱和度,并且裂隙和孔隙中的水能相互交换。因此,引入双重孔隙介质渗流模型有现实的依据。

8.3.1 多孔介质渗流模型的发展

最基础的渗流模型是基于水分迁移的方程和基于溶质迁移的对流-弥散方程的平衡渗流和溶质迁移模型[7]:

$$\frac{\partial \theta}{\partial t} = \frac{\partial}{\partial z}\left(K(h)\left(\frac{\partial \theta}{\partial z} + 1\right)\right) - S \tag{8-12}$$

$$\frac{\partial \theta_c}{\partial t} + \frac{\partial \rho s}{\partial t} = \frac{\partial}{\partial z}\left(\theta D \frac{\partial c}{\partial z}\right) - \frac{\partial q c}{\partial z} - \mu(\theta c + \rho s) + \gamma \theta + \gamma \rho \tag{8-13}$$

式中:z 为坐标值,t 为时间,h 为压力水头,θ 为含水量,K 为非饱和水力传导系数,c 和 s 为在固相和液相中溶质的含量,q 为单位体积量密度,μ 为一级速率常数,γ 为零阶速率常数,ρ 为土壤容重,D 为弥散系数。

虽然上述模型仅适用于平衡渗流的情况,但目前的很多模型,如双重孔隙模型和多重孔隙模型,都是附加假设条件,进行了改进得到的模型,所以说平衡渗流模型是建立其他模型的基础。

(1)单孔隙模型

Ross 等[8]建立的单孔隙模型,是最简单的非平衡渗流模型,是基于平衡渗流和溶质迁移模型得到的,将 Richards 方程和基于溶质迁移的对流-弥散方程中紧耦合的含水量 θ 和水头压力 h 解耦以后,附加一个线性的驱动函数,将得到的结果用隐式有限差分方程表示出来,即:

$$\theta^{j+1} = \theta^j + (\theta_e^{j+1} - \theta^j)\big[1 - \exp(-\Delta t/\tau)\big] \tag{8-14}$$

式中：τ 为平衡稳定时间，Δt 为时间步长，上标 $j+1$ 和 j 表示在时间间隔内两相邻的时间点。单孔隙模型的优点在于模型中仅运用一个附加参数来研究非平衡渗流，还可以运用到现有的饱和渗流模型中。

（2）双重孔隙模型

双重孔隙模型是目前运用比较广泛的水分和溶质迁移模型，它的发展最早可以追溯到 1946 年 Muskat 教授将此模型运用于对石灰岩裂隙中的饱和渗流的研究[9]。

在双重孔隙模型的建立中，假定土壤介质由基质域、优先域两个域组成，土壤中的大孔隙或裂隙网络为优先域，土壤颗粒的基质孔隙为基质域，优先域采用大孔隙、裂隙指数度量。双重孔隙模型中双重孔隙指数 DM 能较好地反映了土壤中孔隙、裂隙的发育程度，DM 值越低，则岩土体孔隙、裂隙越发育。施振飞等[10]给出 DM 值的计算公式：

$$DM = \lg(\varphi_L^{LM} + \varphi_{bd}^{BM})/\lg \phi_t \tag{8-15}$$

式中：DM 为双重孔隙指数，LM 为大孔隙指数，BM 为岩块孔隙指数，φ_L 为裂缝孔隙度，φ_{bd} 为基质孔隙度。根据上式可以看出，双重孔隙指数 DM 随着基质孔隙度和裂隙孔隙度的改变而改变。

双重孔隙模型的基本假定是假设流体在裂隙网络中流动是受限制的，而在基质孔隙中是静止的，流体在其中可以交换和储存，但不能对流。Philip[11]将介质中的流体分为两部分，分别是基质以外孔隙中流动的流体（θ_f）和基质孔隙内静止的流体（θ_m），即 $\theta = \theta_f + \theta_m$，根据 Richards 方程，可得到如下方程：

$$\frac{\partial \theta_f}{\partial t} = \frac{\partial}{\partial z}\Big(K(h)\big(\frac{\partial h}{\partial z} + 1\big)\Big) - S_f - \Gamma_w \tag{8-16}$$

$$\frac{\partial \theta_m}{\partial t} = -S_m + \Gamma_w \tag{8-17}$$

式中：S_f 和 S_m 为双重孔隙中的汇源项，Γ_w 水分的迁移项。

Nathan 等[12]利用有效的场地尺度参数建立了地表下排水场地水分和溶质迁移的单孔隙模型和双重孔隙模型，试验结果表明，用有效场地尺度参数建立的单孔隙模型能捕获水分和溶质快速迁移的趋势，双重孔隙模型能较好地模拟出水分和溶质的快速迁移，双重孔隙模型比起单孔隙模型具有更好的适用性。

双重孔隙模型适用于非平衡条件下的物质迁移，它主要的特点在于假定土壤介质是由两个域组成，并且假设流体在裂隙网络中流动是受限制的，而在基质孔隙中是静止的，模型使用的难点在于两域都需要许多参数来描述水和溶质在介质中的迁移，同时处理边界条件非常复杂。

（3）双重渗透模型

双重渗透模型假设水分在基质之外的孔隙、基质孔隙中都能流动，双重渗透模型的复杂点在于需要知道两域的持水特性和所有可能的渗透系数方程。比较典型的双重渗透模型是 Gerke 等[13]将 Richards 方程同时运用到了优先域和基质域中，基于对流-弥散方程得到如下方程。

对于水分：

$$\frac{\partial \theta_f}{\partial t} = \frac{\partial}{\partial z}\left(K_f\left(\frac{\partial h_f}{\partial z} + 1\right)\right) - S_f - \frac{\Gamma_w}{w} \tag{8-18}$$

$$\frac{\partial \theta_m}{\partial t} = \frac{\partial}{\partial z}\left(K_m\left(\frac{\partial h_m}{\partial z} + 1\right)\right) - S_m - \frac{\Gamma_w}{w} \tag{8-19}$$

式中：w 为裂隙网络在所有孔隙中所在的体积比，$w = \theta_{fs}/\theta_s$。

（4）多重孔隙/渗透模型

多重孔隙/渗透模型在概念上与双重孔隙/渗透模型是相似的，只是模型中考虑了附加的重叠孔隙区域，划分附加区域的时候具有很大的灵活性，但增加了很多没有太大物理意义的参数。

Gwo 等[14]将孔隙分为三种：大孔隙、中孔隙、微孔隙，在计算过程中用到每种孔隙的水力性能函数，假设三种孔隙中的渗流都能运用 Richards 方程和对流-弥散方程，由此建立了 MURF 和 MURT 多重孔隙/渗透模型。

Hutson 等[15]将孔隙分为 n 个重叠的孔隙域，在 n 个重叠孔隙域中渗流都运用 Richards 方程和对流-弥散方程，而且假设 n 个重叠的孔隙域中水分和溶质都是可以交换的，由此建立了 TRANSMIT 模型。

柴军瑞等[16]将岩体中的各种裂隙网络按渗透性和规模分成四级：一级真实裂隙网络、二级随机裂隙网络、三级等效连续介质体系、四级连续介质体系。假设各级裂隙都能形成各自的裂隙网络系统，依据水量平衡原理建立了各级裂隙网络之间的联系，并考虑各级裂隙渗流与应力不同的相互作用关系，建立了岩体多重孔隙/渗透模型，并将模型运用于实际工程中。

8.3.2 双重介质的渗透率与渗透系数

多孔介质渗透系数可由介质（多孔介质骨架）与流体两方面决定，可描述为：

$$K = \frac{\rho g}{\mu}k = \frac{g}{\nu}k \tag{8-20}$$

式中：ρ 为流体密度，μ 为流体动力黏滞系数，g 为重力加速度，ν 为流体运动黏滞系数。

渗透率表示多孔介质传导流体的能力，它描述了多孔介质的一种平均性质。对于均质各向同性孔隙介质而言，其渗透率为：

$$k = cd^2 \tag{8-21}$$

式中：k 为多孔介质渗透率，d 为多孔介质颗粒的有效粒径 $d_{10}(L)$，c 为介于 $45\sim140$ 的比例常数，前一值适于黏质砂土，后一值适于纯砂土，常用平均值为 100。

Fair-Hatch(1993) 根据量纲分析推出多孔介质的渗透率公式，并被实验验证：

$$k = \frac{1}{\beta_1}\left[\frac{(1-n)^2}{n^3}\left(\frac{\alpha_1}{100}\sum_m\frac{P_m}{d_m}\right)^2\right]^{-1} \tag{8-22}$$

式中：β_1 是松散多孔介质的密度因子，由试验确定约为 5；α_1 是砂粒形状系数，对球形颗粒取 6.0，对棱角颗粒取 7.7；P_m 是保留在相邻网筛的砂粒百分比；d_m 是相邻筛孔的几何平均值。

Kozeny-Carman 公式：

$$k = C_0\frac{n^3}{(1-n)^2M_s^2} \tag{8-23}$$

式中：M_s 为孔隙骨架的比表面积，m^2；C_0 为常数，建议取值 1/5。

对于一根直径为 D 的直圆毛细管，由流体力学可推导其渗透率：

$$k = \frac{D^2}{32} \tag{8-24}$$

毛细管中流量：

$$Q_l = \frac{\pi D^4\rho g}{128\mu}\frac{\partial\phi}{\partial l} \tag{8-25}$$

式中：l 为沿毛细管测量的长度。

毛细管中平均流速：

$$\mu_l = \frac{Q_l}{\pi D^2/4} = -\frac{D^2}{32}\frac{\rho g}{\mu}\frac{\partial\phi}{\partial l} \tag{8-26}$$

对于单一平直裂隙，由 Navier-Stokes 方程推导出渗透速度：

$$u_j = \frac{b^2}{12}\frac{\rho g}{\mu}J_j \tag{8-27}$$

单裂隙渗透率：

$$k = \lambda b^2(\lambda \leqslant 1/12) \tag{8-28}$$

对于平直光滑单裂隙介质，其裂隙的渗透率为：

$$k_f = b^2/12 \tag{8-29}$$

式中：u_j 为裂隙中平均流速，J_j 为裂隙中水力坡度，k_f 为单裂隙介质渗透率，b 为单裂隙隙宽。

大量平行裂隙组成的多孔介质渗透率：

$$k = n\lambda b^2 \tag{8-30}$$

在达西定律中，渗透系数是指当水力梯度等于 1 时，在数值上等于渗流速度的量,具有速度的量纲(LT^{-1}),在多孔介质水流系统中,渗透系数可表征地下水流经空间内任一点上的介质的渗透性,也可表征某一区域介质的平均渗透性,还可表征某一裂隙段上介质的渗透性。

岩土体介质具有非均质各向异性,渗透性能必须用张量来描述:

$$K_{ij} = k_{ij} \frac{\rho g}{\mu} \quad i,j = 1,2,3 \tag{8-31}$$

式中:K_{ij},k_{ij}分别为渗透系数张量和渗透率张量,都是对称、二秩张量,k_{ij}与孔隙、裂隙的几何形状有关,K_{ij}不仅与裂隙几何形状(孔隙度、裂隙隙宽、间距或密度、粗糙度等)有关,还与流体的性质(容重和黏滞性)有关。

岩土体渗透非均质性是指渗透系数(或渗透系数张量)随位置的不同而不同,渗透系数(或渗透系数张量)是空间坐标的函数$[K_{ij} = K_{ij}(x,y,z)]$,岩土体渗透的非均质性反映了岩土体内部结构的复杂性、不同一性和裂隙分布的高度离散性。

岩土体渗透各向异性是指在岩土体系统内同一空间点上不同方向上渗透系数的大小各异,即渗透系数是方向的函数,不同方向上渗透系数可用渗透系数张量表示。

8.3.3 孔隙介质中渗流的控制方程

(1)连续性方程

根据质量守恒原理,可得孔隙介质中流体的连续性方程为:

$$-\left[\frac{\partial}{\partial x}(\rho V_x) - \frac{\partial}{\partial y}(\rho V_y) - \frac{\partial}{\partial z}(\rho V_z)\right] = \frac{\partial(\rho\theta)}{\partial t} \tag{8-32}$$

式中:V_x,V_y,V_z为渗流速度矢量的三个分量,m/s;ρ为流体密度;θ为流体相饱和度。

在饱和多孔介质区域内,单位体积流体质量表示为$n\rho$,只考虑水的渗流,假定流体不可压缩,骨架可变形,则连续性方程可写为:

$$\frac{\partial(\rho n)}{\partial t} + \left[\frac{\partial}{\partial x}(\rho V_x) - \frac{\partial}{\partial y}(\rho V_y) - \frac{\partial}{\partial z}(\rho V_z)\right] = 0 \tag{8-33}$$

上式可简写为:

$$\frac{\partial(\rho n)}{\partial t} + \nabla \cdot (\rho V) = 0 \tag{8-34}$$

当多孔介质不变形,即$n = \text{contant}$时,连续性方程为:

$$n\frac{\partial(\rho)}{\partial t} + \rho \cdot \nabla V = 0 \tag{8-35}$$

若流体不可压缩即$\rho = \text{contant}$时,连续性方程为:

$$\nabla V = 0 \tag{8-36}$$

对于土体非饱和渗流,连续性方程可写为:

$$\frac{\partial}{\partial t}(\rho S_w n) + \nabla \cdot (\rho V) = 0 \tag{8-37}$$

(2)达西定律表达式

达西定律最初是由 H. Darcy 通过直立的均质砂柱中的单相不可压缩流体一维渗流试验得出：

$$V = \frac{K}{\mu}\left(\frac{\partial p}{\partial z} + \rho g\right) \tag{8-38}$$

各向异性介质达西定律方程：

$$V_x = -\left[\frac{K_{xx}}{\mu}\frac{\partial p}{\partial x} + \frac{K_{xy}}{\mu}\frac{\partial p}{\partial y} + \frac{K_{xz}}{\mu}\left(\frac{\partial p}{\partial z} + \rho g\right)\right] \tag{8-39}$$

$$V_y = -\left[\frac{K_{yx}}{\mu}\frac{\partial p}{\partial x} + \frac{K_{yy}}{\mu}\frac{\partial p}{\partial y} + \frac{K_{yz}}{\mu}\left(\frac{\partial p}{\partial z} + \rho g\right)\right] \tag{8-40}$$

$$V_z = -\left[\frac{K_{zx}}{\mu}\frac{\partial p}{\partial x} + \frac{K_{zy}}{\mu}\frac{\partial p}{\partial y} + \frac{K_{zz}}{\mu}\left(\frac{\partial p}{\partial z} + \rho g\right)\right] \tag{8-41}$$

渗透率张量是实对称张量，所以它存在渗透率主方向，若将坐标轴方向取得与介质中某点渗透率张量的主方向一致，则该点渗透率张量矩阵为对角阵，则各向异性介质达西定律方程可写为：

$$V_x = -\frac{K_x}{\mu}\frac{\partial p}{\partial x}, \quad V_y = -\frac{K_y}{\mu}\frac{\partial p}{\partial y}, \quad V_z = -\frac{K_z}{\mu}\left(\frac{\partial p}{\partial z} + \rho g\right) \tag{8-42}$$

各向同性介质中 $K_x = K_y = K_z = K$，则上式变为：

$$V_x = -\frac{K}{\mu}\frac{\partial p}{\partial x}, \quad V_y = -\frac{K}{\mu}\frac{\partial p}{\partial y}, \quad V_z = -\frac{K}{\mu}\left(\frac{\partial p}{\partial z} + \rho g\right) \tag{8-43}$$

(3)渗流控制方程

将达西定律表达式代入流体系统连续性方程，得到用流体压力表示的渗流控制方程：

$$\frac{\partial}{\partial x}\left(\rho(k_x\frac{\partial p}{\partial x})\right) + \frac{\partial}{\partial y}\left(\rho(k_y\frac{\partial p}{\partial y})\right) + \frac{\partial}{\partial z}\left(\rho(k_z(\frac{\partial p}{\partial z} + \rho g))\right) = \frac{\partial(\rho\theta)}{\partial t} \tag{8-44}$$

式中：k_i 为渗透系数，$k_i = K_i/\mu(i = x, y, z)$。

当 $\rho = $ contant 时，在各向同性介质中渗流控制方程（Richards 方程）为：

$$\frac{\partial}{\partial x}\left((k(\theta)\frac{\partial p}{\partial x}\right) + \frac{\partial}{\partial y}\left(k(\theta)\frac{\partial p}{\partial y}\right) + \frac{\partial}{\partial z}\left(k(\theta)(\frac{\partial p}{\partial z} + \rho g)\right) = \frac{\partial\theta}{\partial t} \tag{8-45}$$

还可以写成 ϕ 形式：

$$\frac{\partial}{\partial x}\left(K(\theta)\frac{\partial \phi}{\partial x}\right) + \frac{\partial}{\partial y}\left(K(\theta)\frac{\partial \phi}{\partial y}\right) + \frac{\partial}{\partial z}\left(K(\theta)\frac{\partial \phi}{\partial z}\right) = \frac{\partial\theta}{\partial t} \tag{8-46}$$

均质各向同性介质饱和多孔介质渗流控制方程为：

$$\frac{\partial^2 \phi}{\partial x} + \frac{\partial^2 \phi}{\partial y} + \frac{\partial^2 \phi}{\partial z} = \frac{S_s}{K}\frac{\partial\theta}{\partial t} \tag{8-47}$$

式中:S_s 为多孔介质储水率。

当为稳定流时,均质各向同性介质饱和多孔介质渗流控制方程可简化为:

$$\frac{\partial^2 \phi}{\partial x} + \frac{\partial^2 \phi}{\partial y} + \frac{\partial^2 \phi}{\partial z} = 0 \qquad (8\text{-}48)$$

上式即为拉普拉斯方程。

8.3.4 裂隙介质渗流的数学模型

对于裂隙介质,渗流服从立方定律,仍属于达西定律的范畴,但裂隙介质的导水裂隙均属线性结构,流体只能沿裂隙限制的空间运动,具有定向流动特点。

用缝宽为 b 的平行板状窄缝模拟单个裂隙,按裂隙系统的个体结构特征,可假定大于隙宽 b 几个数量级的裂隙长度,在隙面方向上是无限延伸的[17],如图 8-2 所示。

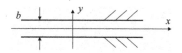

图 8-2 无限延伸的裂隙

建立黏性流体在 xy 平面的稳定流方程式:

$$\rho\left(\frac{\partial}{\partial x}\mu_x^2 + \frac{\partial}{\partial y}\mu_x\mu_y\right) = -\frac{\partial p}{\partial x} + \frac{\partial \tau_{xx}}{\partial x} + \frac{\partial \tau_{xy}}{\partial y} \qquad (8\text{-}49)$$

$$\rho\left(\frac{\partial}{\partial x}\mu_x\mu_y + \frac{\partial}{\partial y}\mu_y^2\right) = -\frac{\partial p}{\partial y} + \frac{\partial \tau_{xy}}{\partial x} + \frac{\partial \tau_{yy}}{\partial y} \qquad (8\text{-}50)$$

连续方程式:

$$\frac{\partial \mu_x}{\partial x} + \frac{\partial \mu_y}{\partial y} = 0 \qquad (8\text{-}51)$$

式中:μ_x,μ_y 分别为速度(实际的)矢量在坐标轴上的投影;τ_{xx},τ_{xy},τ_{yy} 分别为黏性阻力张量的元素;ρ 为流体的密度;p 为压力。

对窄缝中的流动:

$$\frac{\partial p}{\partial y} = 0, \qquad \frac{\partial \mu_x}{\partial x} = 0, \qquad \mu_y = 0 \qquad (8\text{-}52)$$

得:

$$\rho\frac{\partial}{\partial x}\mu_x^2 = -\frac{\partial p}{\partial x} + \frac{\partial}{\partial y}\left(\mu\frac{\partial \mu_x}{\partial y}\right) \qquad (8\text{-}53)$$

$$\frac{\partial \mu_x}{\partial x} = 0 \qquad (8\text{-}54)$$

联立以上方程式得:

$$\frac{I}{\mu} \cdot \frac{\partial p}{\partial x} = \frac{\partial^2 \mu_x}{\partial y^2} \qquad (8\text{-}55)$$

式中:μ 为流体的黏滞系数。

由于沿裂隙方向的压力坡降与流体运动方向的黏性摩擦阻力相等,则:

$$\frac{\partial p}{\partial x} = -\frac{\Delta p}{\Delta l} = \text{const} \tag{8-56}$$

式中:Δp 是沿裂隙长度 Δl 上的压降。

$$\frac{\partial^2 \mu_x}{\partial y^2} = -\frac{I}{\mu} \cdot \frac{\Delta p}{\Delta l} \tag{8-57}$$

根据边界条件 $y = \pm\frac{b}{2}$ 时,$\mu_x = 0$,求出流体速度沿裂隙断面分布的计算公式:

$$\mu_x = \frac{b^2}{8\mu} \cdot \frac{\Delta p}{\Delta l}\left(l - \frac{4y^2}{b^2}\right) \tag{8-58}$$

则通过裂隙断面的液体流量为:

$$q = 2\int_0^{\frac{b}{2}} \mu_x(y)\mathrm{d}y \tag{8-59}$$

积分得:

$$q = \frac{b^3}{12\mu} \cdot \frac{\Delta p}{\Delta l} \tag{8-60}$$

由裂隙的单位断面面积流量求出流体运动的平均速度:

$$\mu = \frac{b^2}{12\mu} \cdot \frac{\Delta p}{\Delta l} \tag{8-61}$$

经变换后得出流体在裂隙中运动的基本方程式——布涅斯基公式:

$$\mu = \frac{b^2}{12\mu} \cdot \frac{\partial p}{\partial x} \tag{8-62}$$

得出通过单位长度裂隙的流量公式,即单个裂隙中水流的三次方定律:

$$\mu \approx \frac{gb^3}{12\gamma}I \tag{8-63}$$

式中:g 为重力加速度,γ 为运动黏滞系数,I 为平行于裂隙的水力梯度。

尼幼兹(Ncuzll C. E.)于 1981 年把裂隙的宽度作为一个概率分布函数,修改了三次方定律,他假定在一条裂隙截面上(垂直于水流方向)取无数个点测量隙宽,则隙宽的频率函数为 $f(b)$,三次方定律则表达如下:

$$\mu = I\frac{g}{12\gamma}\int_0^\infty b^3 f(b)\mathrm{d}b \tag{8-64}$$

当隙宽为对数正态分布时,有如下密度函数:

$$f(b) = \begin{cases} \frac{1}{\sqrt{2x}\sigma b}\exp\left[-\frac{(\ln b - \mu)^2}{2\sigma^2}\right] & (b > 0) \\ 0 & (b < 0) \end{cases} \tag{8-65}$$

尼幼兹给出了立方定律的修改式为：

$$q = \frac{g}{12\gamma}\exp\left(3\mu + \frac{9\sigma^2}{2}\right)I \tag{8-66}$$

式中：μ,σ 为分布参数。

8.3.5 双重孔隙介质渗流模型

8.3.5.1 基本假设

裂隙膨胀土包含不同的裂隙、孔隙，并且土颗粒的分布也不均匀，是一种非均质材料。为了仍然能在连续介质理论的基础上进行各种分析，需假设其遵循以下基本假定：

①准连续介质假定。

被裂隙分割的土体是一种非均质材料，为了能在连续介质理论的基础上进行各种分析，因此在承认土体内部非均匀的基础上，认为分析的每个代表性单元体符合统计平均的原则，宏观定义的应力、应变、渗透系数、水力坡降等概念均可适用，所有分析仍建立在连续介质力学的基础上。代表性单元体对外表现的应力、应变、水头等都是在整个单元体上平均后得出的。

②各向同性假定。

假定研究的介质材料的力学特性和渗透特性是宏观各向同性的。

③裂隙膨胀土中既有基质孔隙存在，又有裂隙存在，并且采用双孔隙度/双渗透率模型，考虑裂隙与裂隙之间、基质孔隙与基质孔隙之间、裂隙与基质孔隙之间的流体流动。

④骨架变形位移以坐标轴正方向为负。

⑤假定基质孔隙渗透率和裂隙渗透率主轴平行于坐标轴方向，流动为层流和线性达西流动。

⑥假定渗流过程处于恒温状态，介质的各参数与温度无关。

⑦不考虑气相的影响。

8.3.5.2 数学模型

(1)运动方程

线性渗流（达西定律）：

$$v = -\frac{K}{\mu}\text{grad}p \tag{8-67}$$

式中：K 为渗透系数，μ 为动力黏滞系数，$\text{grad}p$ 为压力梯度。

假设水渗流相对于双重介质骨架的流动遵循达西定律,即:

$$\phi S_w \vec{v}_{rw} = -k_w(\nabla p_w + \rho_w \vec{g}) \tag{8-68}$$

式中: $\vec{v}_{rw}$ 为水对于双重介质骨架的渗流速度分量, k_w 为水渗透率。

(2)状态方程

假定多孔介质可压缩,水不可压缩。

对弹性孔隙介质:

$$\phi = \phi_0 + C_\phi(p - p_0) \tag{8-69}$$

式中: C_ϕ 为压缩系数, ϕ 为孔隙度, p 为压强。

水: $\rho = \text{contant}$。

(3)单相流体质量守恒方程

$$\frac{\partial(\rho \phi S)}{\partial t} + \text{div}(\rho \phi S \vec{v}) = 0 \tag{8-70}$$

(4)双重介质中水流动控制方程

孔隙介质中流体流动的连续性方程:

$$\frac{\partial(\rho \phi_p S_p)}{\partial t} - \nabla \cdot [k\rho(\nabla p_p + \rho \vec{g})] + \nabla \cdot [\rho \phi_p S \vec{v}_{(p)s}] - I = 0 \tag{8-71}$$

裂隙介质中流体的连续性方程:

$$\frac{\partial(\rho \phi_f S_f)}{\partial t} - \nabla \cdot [k\rho(\nabla p_f + \rho \vec{g})] + \nabla \cdot [\rho \phi_f S \vec{v}_{(f)s}] + I = 0 \tag{8-72}$$

式中: I 表示孔隙与裂隙之间流体交换。

(5)初始条件

非饱和多孔介质渗流的初始条件:

$$\theta(x,y,z,t)\mid_{t=0} = \theta(x,y,z), (x,y,z) \in \Omega \tag{8-73}$$

式中: Ω 为渗流域。

饱和多孔介质渗流的初始条件:

$$\varphi(x,y,z,t)\mid_{t=0} = \varphi_0(x,y,z), x \in \Omega \tag{8-74}$$

(6)边界条件

①第一类边界条件。

第一类边界条件也称为给定含水量边界条件,即:

$$\theta(x,y,z,t) = \theta_1(x,y,z,t), t \geqslant 0, (x,y,z) \in P_1 \tag{8-75}$$

式中: $\theta_1(x,y,z,t)$ 为已知边界上的含水量分布。

②第二类边界条件。

第二类边界条件也称为给定流量边界条件,一般发生在地表降水或农田灌溉入渗条件下,地表面的入渗量已知。假定地表入渗强度为 ε ,则:

$$\varepsilon = -\left[K(h_c) \frac{\partial h_c}{\partial z} - K(h_c) \right] \text{或} \varepsilon = D(\theta) \frac{\partial \theta}{\partial z} + K\theta \tag{8-76}$$

式中:$D(\theta)$为扩散系数,$K(\theta)$为非饱和多孔介质渗透系数。

当地表无入渗时,$\varepsilon = 0$,则地表边界条件为:

$$K(h_c) \frac{\partial h_c}{\partial z} = K(h_c) \text{ 或 } D(\theta) \frac{\partial \theta}{\partial z} = -K(\theta) \tag{8-77}$$

当地表蒸发时,其蒸发强度为 E,则:

$$E = K(h_c) \frac{\partial h_c}{\partial z} - K(h_c) \text{ 或 } E = -\left[D(\theta) \frac{\partial \theta}{\partial z} + K(\theta) \right] \tag{8-78}$$

③第三类边界条件。

当地表存在水池或稳定水头,且地表某一厚度土壤为弱透水层时,该边界可作为第三类边界条件,也称为 Cauuchy 边界条件,对水平边界和各向同性土壤介质可写为如下形式:

$$K(h_c) \frac{\partial h_c}{\partial z} - K(h_c) + \frac{h_c}{c'} = -\frac{M' + D}{c'} \tag{8-79}$$

式中:c'为水流阻力,M'为弱透水层厚度,D为积水高度。

两种多孔介质界面之间边界条件:

$$P_{w1} = P_{w2} \text{ 或 } V_{1n} = V_{2n}$$

式中:P_{w1},P_{w2}分别为界面两侧多孔介质水压力;V_{1n},V_{2n}分别为界面两侧多孔介质的法向渗流速度。

矢量形式为:

$$V_1 n = V_2 n \tag{8-80}$$

式中:n为界面的单位法向矢量。

代入非饱和多孔介质达西定律方程,得:

$$\left[\frac{k_1(\theta)}{\mu} (\nabla p_{w1} + \rho g \nabla z) \right] \cdot n = \left[\frac{k_2(\theta)}{\mu} (\nabla p_{w2} + \rho g \nabla z) \right] \cdot n \tag{8-81}$$

或表示为:

$$K_1(\theta) \nabla \phi_1 \cdot n = K_2(\theta) \nabla \phi_2 \cdot n \tag{8-82}$$

流体系统的控制方程加上相应的定解条件(初始条件、边界条件)就构成了双重孔隙介质渗流的完整数学模型。

8.4　裂隙膨胀土降雨入渗

8.4.1　裂隙膨胀土降雨入渗过程

土壤水分入渗大体可以分为两种类型:一是降水从地表垂直向下进入土壤的垂直入渗,二是侧向入渗。

干土在积水条件下渗入土中的水量一般用累积入渗量 $I(t)$ 和入渗率 $i(t)$ 进行度量,两者均是随时间变化的物理量。$I(t)$ 是入渗开始一定时间后,通过地表单位面积渗入到土壤中的总水量,通常用水深(cm)表示;$i(t)$ 是单位时间内通过地表单位面积渗入土壤中的水量,单位为 cm/d 或 mm/min,反映土体的入渗能力。

$$I(t) = \int_0^L \left[\theta(z,t) - \theta(z,0) \right] \mathrm{d}z$$

$$i(t) = q(0,t) = \left[D(\theta) \frac{\partial \theta}{\partial z} + k_{\mathrm{w}}(\theta_{\mathrm{w}}) \right]_{z=0} \qquad (8\text{-}83)$$

$$i(t) = \frac{\mathrm{d}I(t)}{\mathrm{d}t}$$

式中:L 为土层厚度,$(z,0)$ 为土层中初始含水量分布,$q(0,t)$ 为地表处的土壤水分运动通量,$k_{\mathrm{w}}(\theta_{\mathrm{w}})$ 为非饱和土的渗透系数,$D(\theta)$ 为非饱和土的扩散率。

对非饱和土体,降雨入渗实际上受到供水强度和土壤入渗能力的共同控制。一般将降雨强度称为供水强度,定义为 $R(t)$,当供水强度为常数时,$R(t)=R_0$,当供水强度小于土壤入渗率时,$i(t)=R_0$;当供水强度大于土壤入渗率时,超过入渗率的供水形成积水或地表径流。因此,降雨入渗过程可以分为两个阶段:第一阶段称为供水控制阶段,主要表现为无压入渗或自由入渗;第二阶段称为土壤入渗能力控制阶段,主要表现为积水或有压入渗。两个阶段的交点称为积水点。

裂隙膨胀土降雨试验过程分为以下几个阶段。

初始阶段:土体本身的含水率较低,土体的基质势高,土体的表面渗透能力大于降雨强度,水分接触土体表面时全部被吸入,出流量为零,没有积水出现,土体表面由非饱和状态向饱和状态转变,渗透性逐渐下降。

第二阶段:土体表面渗透能力下降并小于降雨强度,雨水不能完全渗入土体,多余的雨水流入裂隙,通过裂隙入渗,水流沿裂隙两侧壁向下流动,此时裂隙侧壁土体发生无压入渗,裂隙的侧壁土体逐渐由非饱和状态向饱和状态转变,裂隙侧壁土体吸水膨胀,从而裂隙发生闭合。

第三阶段:入渗雨水超过表面和裂隙侧壁土体的入渗能力,一部分雨水透过裂隙尖端与底面之间的土体,出流开始,裂隙率越大、降雨强度越大,出流时间越短;另一部分雨水在裂隙底部汇聚,裂隙积水面以下的土体(包括裂隙侧壁)为有压入渗,水位面越高,压力越大,裂隙侧壁土体入渗速度加快,土体膨胀加剧,裂隙快速闭合。

第四阶段:裂隙全部充满水,裂隙两侧的土体全部为有压入渗,表面没有积水,出流量和出流速度仍然为零,裂隙急骤闭合,整个裂隙土体的入渗能力急骤下降。

第五阶段:土体表面积水,径流开始,裂隙闭合速度减缓,土体的入渗能力趋于稳定,土体也趋于饱和,出流速度逐渐收敛至一恒定值。

以上五个阶段根据降雨强度的不同有很大差异,当降雨强度很低,降雨时间很长时,裂隙等不到开始积水就闭合,降雨过程中无积水、无径流,为典型饱和-非饱和渗流;当降雨强度极大时,可以认为土体入渗、裂隙的积水、土体表面径流同时开始,裂隙侧壁土体在有压入渗过程中快速吸水膨胀,裂隙快速闭合。同时在降雨过程中土体受到雨水冲刷,会有大量土颗粒被水流带入裂隙,填充到裂隙内部。

裂隙膨胀土降雨入渗过程的简化:

①降雨整个过程中无积水无径流时,入渗只与土体本身有关,与裂隙无关,是典型的饱和-非饱和土渗流。

②当降雨强度较大时,可以认为裂隙的积水在瞬间完成,裂隙侧壁土体在有压入渗过程中快速吸水膨胀,裂隙快速闭合。

③当裂隙中的积水需要比较长的时间完成时,可以假设沿裂隙两侧流动的水不会渗入到土样而是在裂隙底部汇集。

④分析中不考虑雨水冲刷作用。

8.4.2 裂隙模型的建立

裂隙模型既要考虑符合现实情况,也要考虑实施的可能性。为此,提出一种结合现场裂隙图片、土体含水率和室内试验成果建立裂隙模型的方法。

在之前试验中得到含水率为25%、压实度为75%的重塑膨胀土样裂隙发育规律,通过处理得到不同裂隙发育阶段的裂隙平均宽度(表8-1),发现其与试样平均含水率存在良好的对应关系,使用两种形式对其进行拟合。

表 8-1 裂隙平均宽度

脱湿时间/h	平均含水率/%	裂隙率/%	裂隙平均宽度/mm
22.7	25.09	5	1.83
30	22.22	7.56	2.39
39	18.98	10.25	2.76

续表

脱湿时间/h	平均含水率/%	裂隙率/%	裂隙平均宽度/mm
48	15.29	14.79	5.33
63	9.35	16.75	5.67
79	6.25	17.61	6.19
96	3.71	18.59	6.82

线性拟合(图 8-3):

$$B_a = a\theta_a + c \tag{8-84}$$

式中：B_a 为裂隙平均宽度，θ_a 为平均含水率，a、c 为拟合参数。

拟合后：$a = -24.138$，$c = 7.806$，$R^2 = 0.995$。

非线性拟合(图 8-4):

$$B_a = A - 1/(n \mid \ln\theta_a \mid)^m \tag{8-85}$$

式中：A，n，m 为拟合参数，其中 $m = 1/(1-n)$。

拟合后：$A = 9.815$，$n = 0.115$，$m = 1.1299$，$R^2 = 0.998$。

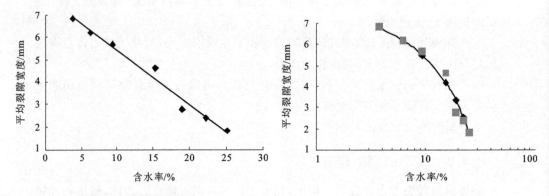

图 8-3　线性拟合曲线　　　　图 8-4　非线性拟合曲线

真实的表面裂隙宽度大小不一，裂隙在深部发育情况复杂，建立裂隙模型需要进行一定的简化，假定裂隙是沿土体表面法向方向向下延伸并且同一土层不同宽度的裂隙发育为线性关系，则通过 θ_a 与 B_a 关系式按以下方法建立裂隙模型：

如果在一裂隙土体中每隔 0.5m 取土测得含水率如表 8-1 所示，假设土体表面两条裂隙 I、J 宽度 B_s 分别为 13.64mm 和 3.41mm，则其下各个土层裂隙宽度(表 8-2)为：

$$B_i = \frac{B_s}{B_{as}} B_{ai} \tag{8-86}$$

表 8-2   裂隙宽度计算示例表

土层	含水率/%	裂隙平均宽度/mm	裂隙 I 宽度/mm	裂隙 J 宽度/mm
6	25.09	1.83	3.66	0.91
5	22.22	2.55	5.11	1.28
4	18.98	3.33	6.66	1.66
3	15.29	4.16	8.33	2.08
2	9.35	5.47	10.94	2.74
1	6.25	6.18	12.35	3.09
表层	3.71	6.82	13.64	3.41

按表 8-2 可得裂隙如图 8-5 所示。

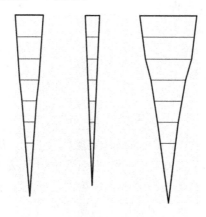

图 8-5   不同表面宽度裂隙示意图

图 8-5 中尖端为最后一个土层裂隙向下线性延伸得到的,认为尖端以下为非裂隙土,取得现场裂隙图片进行处理得到土体表面裂隙后,通过上述的过程就可以得到能比较真实地反映现实的膨胀土样裂隙模型。

8.4.3   降雨入渗中裂隙的变形

膨胀土吸水要发生变形,对于膨胀土变形定量描述主要有以下三种方法。

(1)建立在固结试验基础上的膨胀土变形预测

土层总变形为各层土变形之和:

$$\delta = \sum_{i=1}^{n} \Delta z_i = \sum_{i=1}^{n} \frac{\Delta e_i}{(1+e_0)_i} z_i = \sum_{i=1}^{n} \frac{C_s z_i}{(1+e_0)_i} \lg \left(\frac{\sigma'_f}{\sigma'_{sc}} \right)_i \qquad (8-87)$$

式中：δ 为总隆起变形，Δz_i 为第 i 层土的隆起变形，z_i 为第 i 层土的初始厚度，Δe_i 为第 i 层土的初始孔隙比的变化，n 为土层层数，σ'_{sc} 为恒体积试验中修正后的膨胀压力，e_0 为初始孔隙比，σ'_f 为最后有效应力，C_s 为膨胀指数。

（2）建立在土壤吸力试验基础上的膨胀土变形预测

由有效应力和基质吸力变化引起的膨胀土体积变化可表达为：

$$\delta = \sum_{i=1}^{n} \Delta z_i = \sum_{i=1}^{n} \frac{\Delta e_i}{(1+e_0)_i} z_i = \sum_{i=1}^{n} \frac{z_i}{(1+e_0)_i} \left[C_{mi} \Delta \lg(u_a - u_w) + C_{ti} \Delta \lg(\sigma - u_a) \right]_i$$

$$(8\text{-}88)$$

式中：C_{mi} 为第 i 层土的基质吸力指数，C_{ti} 为第 i 层土的有效应力指数，σ 为总应力，u_a 为孔隙气压力，u_w 为孔隙水压力。

（3）建立在收缩试验基础上的膨胀土变形预测

在外荷载不变的情况下，含水率的变化是膨胀土体积变化的主要原因。同时在缩限以下，含水率的变化并不能引起膨胀土体积的变化；在缩限之上，收缩含水率与孔隙比之间的关系是线性关系。

非饱和膨胀土体积收缩指数 C_w：

$$C_w = \frac{\Delta e}{\Delta w} \tag{8-89}$$

土体变形：

$$\delta = \sum_{i=1}^{n} \Delta z_i = \sum_{i=1}^{n} \frac{C_w \Delta w_i}{(1+e_0)_i} z_i \tag{8-90}$$

膨胀土降雨入渗过程中会吸水膨胀，裂隙宽度减小，从宏观上裂隙会完全闭合，但微观试验和重塑膨胀土开裂前后渗透系数在数量级上的重大差异都可以证明裂隙依然存在，因此在膨胀土裂隙闭合发生的变形与膨胀土表面吸水发生的变形是有差别的，在降雨入渗过程中膨胀土裂隙缩小到一定程度后裂隙两侧开始接触，产生力的相互作用，裂隙两侧土样会相互抑制对方的变形，应力达到一定程度后可认为裂隙不再发生变化，因此要采用合理的方法衡量闭合后的裂隙。

室内降雨入渗试验中土样稳定后平均入渗率基本相同，数量级为 10^{-4}。可以考虑将变形稳定后的裂隙简化为平行板状窄缝，同时将稳定后平均入渗率当作平行板的渗透系数，通过裂隙图像的处理可以得到裂隙的长度，结合平行板流量公式，可以计算出变形稳定后裂隙宽度为 $A \times 10 \, \mu m$，因此可以假设降雨入渗裂隙宽度最终稳定在 $10 \, \mu m$。变形稳定后裂隙示意图见图 8-6。

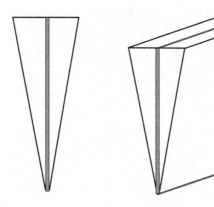

图 8-6 变形稳定后裂隙示意图

8.4.4 入渗分析中的裂隙处理方法

在无积水的入渗过程中,降雨直接入渗土体中,土中的裂隙中不存在积水,裂隙的存在对整个非饱和渗流场的变化没有明显影响,这种情况下可以忽略裂隙的影响,直接采用无裂隙的土体的非饱和入渗模型,引入边界条件求解即可;有积水但积水能完全从裂隙两侧渗入土体,认为裂隙两侧的土体为无压入渗,采用土体的非饱和入渗模型;裂隙中有水时,水面以下的裂隙两侧土体为有压入渗,入渗速率与裂隙中积水高度有关;雨水充满裂隙,地表与裂隙的两个侧面共同入渗。

有无积水时入渗边界显著改变,相应的非饱和渗流场也发生明显的变化,所以在研究第一类边界条件下的入渗问题时必须考虑竖向裂隙的影响。目前,关于考虑非饱和土中裂隙影响的处理方法主要有以下两种。

(1)视裂隙两侧为边界

把裂隙的两侧看作边坡的一部分边界。在数值计算时,重新调整网格的部分范围,把裂隙从所研究的空间去除,使其两侧变为边界,引入边界条件,就可以实现考虑裂隙对入渗过程影响的目的,这种处理裂隙的方法非常适合用有限元来求解。

(2)等效渗透系数法

等效渗透系数法的基本思想是先按不考虑裂隙进行整个区域的离散化划分,在裂隙所在位置按照裂隙的大小把裂隙分为一系列等效的薄层单元或网格,将裂隙本身的渗透性等效为薄层的渗透性。这种处理不需要改变非饱和土的渗流方程及边界条件,只需调整某些单元的渗透性即可实现,是一种处理非饱和土中裂隙渗流的简单有效的方法。目前,等效方法主要如下:

姚海林[18]采用渗透系数等效方法,在裂隙处设置一系列薄层单元,将裂隙本身的渗透性等效为薄层单元的渗透性。

张华将存在裂隙的土层设置为一种等效的材料,假定在高吸力状态下,渗透系数为裂隙等效渗透系数,该值比膨胀土本身饱和渗透系数要大。但在实际中,裂隙会随着降雨的进行而逐渐闭合,并导致渗透系数的降低。

冯欣在考虑裂隙闭合的前提下提出考虑时效性的裂隙材料等效方法,认为考虑裂隙影响膨胀土的渗透系数由裂隙闭合前的渗透系数和裂隙闭合后的渗透系数组成,裂隙闭合前渗透系数为等效渗透系数,裂隙闭合后渗透系数为原位试验中收敛的渗透系数,不随时间变化。

8.4.5 非饱和膨胀土渗透特性

非饱和土的渗透系数常采用直接或间接的方法测定。渗透性的直接量测常常难以进行,常采用间接方法从理论上预测渗透系数。这些间接预测非饱和土渗透系数的方法要用到土的体积-质量性质和土水特征曲线及饱和渗透系数。通常有三种间接预测方法,即 Fredlund & Xing 法、Green R E 法、Van Genuchten M 法。本书采用 Van Genuchten(1980)提出的利用土水特征曲线计算非饱和土的渗透系数的方法。该方法将土水特征曲线中体积含水量划分为 m 段,采用下式计算变吸力条件下的渗透系数:

$$k_w(\theta_w)_i = \frac{k_s}{k_{sc}} A_d \sum_{j=1}^{m} \left[(2j+1-2i)(u_a-u_w)_j^{-2} \right] \quad (j=1,2,\cdots,m) \quad (8\text{-}91)$$

$$A_d = \frac{T_s^2 \rho_w g \theta_s^p}{2\mu_w N^2} \quad (8\text{-}92)$$

式中:$k_w(\theta_w)_i$ 为用相应于第 i 个间段的体积含水量 $(\theta_w)_i$ 确定的渗透系数,m/s;i 为间段编号,随体积含水量的减小而增加;j 为从 i 到 m 的一个数;m 为在土水特征曲线上,从饱和体积含水量到最低容积含水量的间段总数;k_s 为实测饱和渗透系数,m/s;k_{sc} 为饱和渗透系数,m/s;A_d 为调整常数,m·s^{-1}·kPa;T_s 为水的表面张力,kN/m;ρ_w 为水的密度,kg/m³;g 为重力加速度,N·s/m²;μ_w 为水的绝对黏滞度,N·s/m;θ_s 为饱和或吸力为 0 时的体积含水量;p 为考虑不同尺寸孔隙间相互影响的常数,其值可设定为 2.0;N 为饱和体积含水量 θ_s 和零体积含水量(即 $\theta_w=0$)之间的总间段数;$(u_a-u_w)_j$ 为相应于 j 间段的基质吸力,kPa。

$\sum_{j=1}^{m} \left[(2j+1-2i)(u_a-u_w)_j^{-2} \right]$ 项表述渗透系数函数的形状。

k_s 可通个试验量测,k_{sc} 可按下式计算:

$$k_{sc} = A_d \sum_{j=1}^{m} \left[(2j+1-2i)(u_a-u_w)_j^{-2} \right] \quad (j=1,2,\cdots,m) \quad (8\text{-}93)$$

结合前文中给出的原状土饱和渗透系数及土水特征曲线,得到原状土的非饱和渗透系数,如图 8-7 所示。

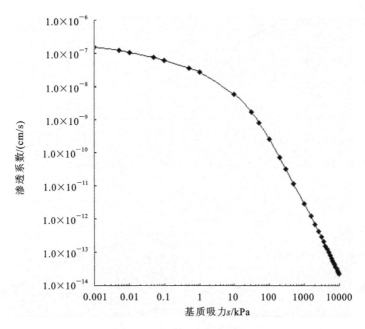

图 8-7 原状土非饱和渗透系数

8.4.6 降雨入渗引起膨胀土边坡的暂态渗流场

假设有一均质膨胀边坡,坡比 1∶2。

边界条件设置为:

①土坡表面及斜坡处,取为流量边界或定水头边界。

如果降雨强度小于饱和渗透系数,按流量边界处理,大小为降雨强度;如果降雨强度大于表层土体渗透性,一部分雨水沿坡面流失,会在坡面形成一薄层水膜,此时可按定水头边界处理,计算中取水头值等于高程。

②模型两侧地下水位以下为定水头边界条件,地下水位以上按零流量边界处理。

③模型底面为不透水边界。

④边坡右下角设置排水井。

初始条件:地下水位距坡顶 14m,距坡脚 4m,地下水位以上土的吸力线性分布。

①无裂隙膨胀土边坡。

均质膨胀土边坡在不同降雨强度下,降雨时长 100h 边坡孔隙水压力分布如图 8-8 所示。

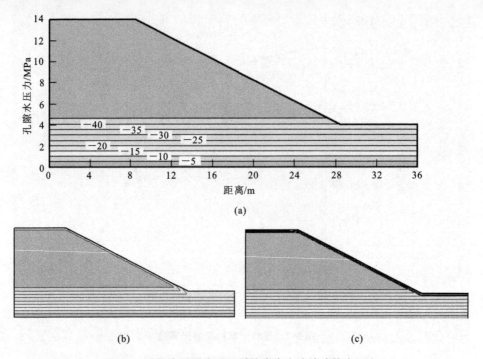

图 8-8 不同降雨强度下无裂隙膨胀土边坡孔隙水压力

(a)初始状态;(b)降雨强度 1×10^{-9} m/s 时长 100h;(c)降雨强度 1×10^{-6} m/s 时长 100h

对于无裂隙均质膨胀土边坡,降雨入渗对膨胀土的影响仅在膨胀土的表层,降雨强度增大,影响深度会有所增大,增加幅度并不明显,但浅层土体含水量增加明显。

②不同降雨强度下裂隙膨胀土边坡。

边坡上发育有裂隙,裂隙深 1m。在不同降雨强度下,降雨时长 100h 边坡孔隙水压力分布如图 8-9 所示。

极低降雨强度条件下,雨水入渗只与土体本身有关,与裂隙无关,整个过程中无积水,无径流,是典型的饱和-非饱和土渗流。

降雨强度略大于土体渗流能力时,有微量雨水沿裂隙两侧流动,流动过程中裂隙两侧发生无压入渗。

降雨强度较大时,不能通过土体入渗的雨水沿裂隙两侧流动,在裂隙底部汇集,裂隙中产生积水,可以假设裂隙中的积水在瞬间完成,裂隙侧壁土体为有压入渗。

对比不同降雨强度下相同裂隙边坡渗流分析结果,可以看出,降雨强度对膨胀土的影响很大,极低降雨强度条件下降雨入渗对膨胀土的影响深度只与土体本身的入渗能力有关,与裂隙无关,当降雨强度超过土体的入渗能力时,裂隙在降雨入

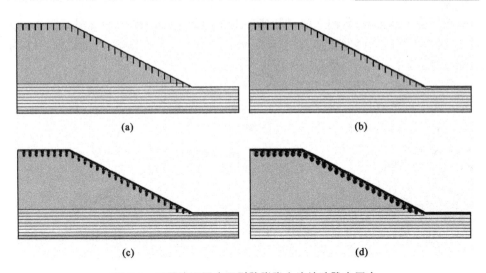

图 8-9 不同降雨强度下裂隙膨胀土边坡孔隙水压力

(a)初始状态;(b)降雨强度 1×10^{-10} m/s 时长 100 h;

(c)降雨强度 2×10^{-9} m/s 时长 100 h;(d)降雨强度 1×10^{-6} m/s(强降雨)

渗过程中开始产生作用,当裂隙中产生积水时,裂隙两侧土体受到水压作用,土体的渗透系数增加,影响范围也增大。

③裂隙膨胀土边坡不同时刻渗流场。

边坡上发育有裂隙,裂隙深 1m,在 1×10^{-6} m/s 降雨强度下,不同时刻边坡孔隙水压力分布如图 8-10 所示。

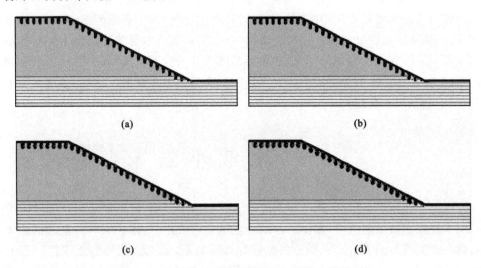

图 8-10 不同降雨时长裂隙膨胀土边坡孔隙水压力

(a)25h;(b)50h;(c)75h;(d)100h

相同降雨强度下,降雨入渗对膨胀土的影响深度与降雨持续时间有明显的关系,随着降雨持续时间的增加,裂隙底部以下土体含水量越高,其差值越大,降雨影响深度越深,对裂隙周边的影响范围也逐渐扩大。

④不同深度裂隙膨胀土边坡降雨。

边坡上发育有裂隙,裂隙深 0.5m、1m、1.5m、2m,在 1×10^{-6} m/s 降雨强度下,降雨时长 100h 边坡孔隙水压力分布如图 8-11 所示。

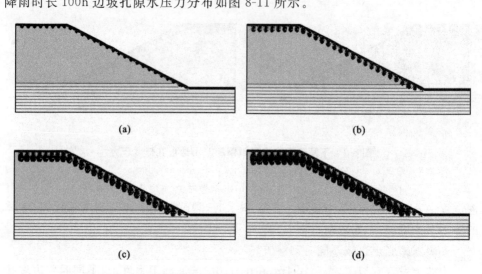

图 8-11　相同降雨条件下不同深度裂隙膨胀土边坡孔隙水压力
(a)裂隙深 0.5m;(b)裂隙深 1m;(c)裂隙深 1.5m;(d)裂隙深 2m

降雨入渗对膨胀土的影响深度与裂隙开裂的深度有关,裂隙越深,降雨持续时间越长,降雨影响深度越深。在同一降雨时刻,雨水入渗对裂隙两侧水平方向的影响范围也随着深度的增加而扩大,这主要是因为随着深度的增加,裂隙两侧所受到的水压力越大,同时裂隙周边土体含水量随深度增加也在增加,土体的渗透系数增加,则影响范围也就越大。

8.5　本章小结

综上所述,本章考虑膨胀土中裂隙对渗透特性的影响,将双重孔隙介质渗流模型引入裂隙膨胀土渗流中,提出一种结合现场裂隙图片、土体含水率和室内试验成果建立裂隙模型的方法。膨胀土裂隙发育情况复杂,建立裂隙模型要进行一定的简化,假定裂隙是沿土体表面法向方向向下延伸并且同一土层不同宽度的裂隙发育为线性关系,通过室内试验得到不同含水率与表面裂隙宽度的关系式,代入现场土体含水率就可以得到一个标准裂隙宽度,将现场裂隙图片处理后可以得出所有表面裂隙的宽度,根据表面裂隙宽度与标准裂隙宽度的比值将标准裂隙进行缩放就可以得到所需要的裂隙。通过上述过程就可以得到表面能比较真实地反映现实的膨胀土样裂隙模型。

膨胀土降雨入渗过程中会吸水膨胀,裂隙宽度减小,从宏观上裂隙会完全闭合,但微观试验和重塑膨胀土开裂隙前后渗透系数在数量级上的重大差异都可以证明裂隙依然存在,将变形稳定后的裂隙简化为平行板状窄缝,同时将稳定后平均入渗率当作平行板的渗透系数,通过裂隙图像的处理可以得到裂隙的长度,结合平行板流量公式,可以认为降雨入渗裂隙宽度最终稳定在 $10\mu\mathrm{m}$。

降雨入渗过程中膨胀土边坡渗流分析表明,降雨入渗对裂隙膨胀土与无裂隙膨胀土的影响有着极大的区别,降雨入渗对裂隙膨胀土的影响深度远大于无裂隙膨胀土,具体影响则与降雨强度、裂隙深度、降雨持续时间等因素有关。裂隙的存在对渗流场产生巨大的影响,主要表现在:增大土体入渗边界,扩大降雨入渗的范围;提高土体地表的入渗率,使雨水进入土体内部。对于开裂的膨胀土,雨水入渗后,在土体开裂深度内较快扩散,裂隙越深,裂隙底部扩散越快,影响范围也越广,在裂隙底部一定范围内形成一饱和区,这一部分土体的压力水头上升,吸力下降,是降雨入渗后膨胀土边坡浅层滑动的根本原因,所以膨胀土边坡失稳主要发生在土体开裂深度范围处。

注释

[1] 张家发. 三维饱和非饱和稳定非稳定渗流场的有限元模拟[J]. 长江科学院院报,1997,14(3):35-38.

[2] 吴宏伟,陈守义. 雨水入渗非饱和土坡稳定性影响的参数研究[J]. 岩土力学,1999,20(1):1-14.

[3] 朱伟,山村和也. 降雨时土堤内的饱和-非饱和渗流及其解析[C]//中国土木工程学会土力学及岩土工程学术会议. 南京:中国土木工程学会,1999.

[4] 马佳. 裂土优势流与边坡稳定性分析方法[D]. 武汉:中国科学院武汉岩土力学研究所,2007.

[5] Salvucci G D,Enteckhabi D. Explicit Expressions for Green-Ampt(Delta Function Diffusivity) Infiltration Rate and Cumulative Storage[J]. Water Resources Research,1994,30(9):2661-2663.

[6] Mein R G,Larson C L. Modeling Infiltration During a Steady Rain[J]. Water Resources Research,1973,9(2):384-394.

［7］Jirka Simunek et al. Review and Comparison of Models for Describing Non-equilibrium and Preferential Flow and Transport in the Vadose Zone［J］. Journal of Hydrology,2003(272):14-35.

［8］Ross P J,et al. A Simple Treatment of Physical Nonequilibrium Water Flow in Soils［J］. Soil Science Society of America Journal,2000(64):1926-1930.

［9］秦耀东,任理,王济.土壤中大孔隙流研究进展与现状［J］.水科学进展, 2000,11(2):203-207.

［10］施振飞,蔡晓明,廖东良.江苏油田泥灰岩裂缝性储层测井解释方法研究［J］.测井技术,28(4):301-305.

［11］Philip J R. The Theory of Absorption in Aggregated Media［J］. Australian Journal of Soil Research,1968,6(1):1-19.

［12］Nathan W H,Suresh P,Rao C,et al. Single-porosity and Dual-porosity Modeling of Water Flow and Solute Transport in Subsurface-drained Fields Using Effective Field-scale Parameters［J］. Journal of Hydrology,2005(313):257-273.

［13］Gerke H H et al. A Dual-porosity Model for Simulating the Preferential Movement of Water and Solutes in Structured Porous Media［J］. Water Resource Research,1993(29):305-319.

［14］Gwo J P,Jardine PM,Wilson G V,et al. A Multiple-pore-region Concept to Modeling Mass Transfer in Subsurface Media［J］. Journal of Hydrology, 1995(164):217-237.

［15］Hutson J L et al. A Multiregion Model Describing Water Flow and Solute Transport in Heterogeneous Soils［J］. Soil Science Society of America Journal,1995(59):743-751.

［16］柴军瑞,仵彦卿.岩体渗流场与应力场耦合分析的多重裂隙网络模型［J］.岩石力学与工程学报,19(6):712-717.

［17］孔详言.高等渗流力学［M］. 北京:中国科学技术大学出版社,1999.

［18］姚海林.考虑雨水入渗影响的膨胀土边坡稳定性分析［D］.武汉:中国科学院武汉岩土力学研究所,2000.

9 结论与展望

9.1 结　　论

　　本书以膨胀土边坡开裂变形和失稳为背景,以南阳膨胀土为研究对象,分别研究膨胀土平面裂隙扩展规律、裂隙三维扩展规律;研究膨胀土脱湿干燥后微观结构变化,分析其微观机理;进行煤油入渗试验研究,研究膨胀土裂隙扩展过程中通过流体能力的变化;进行室内降雨入渗试验,研究裂隙膨胀土渗透特性;借鉴多孔介质渗流的双重孔隙模型建立考虑裂隙作用的膨胀土渗流模型,深入认识裂隙膨胀土的渗流特性。具体结论如下:

　　①裂隙发育具有明显的尺寸效应,试样愈小,土样收缩性愈强;试样愈大,裂隙性愈强,收缩性愈低;裂隙发育具有温度敏感性,温度愈高,开裂愈剧烈,温度愈低,收缩性愈强;试样均匀性对裂隙发育的影响主要表现在裂隙发育形态上,试样越均匀,裂隙发育形态越接近光滑曲线。

　　②重塑膨胀土平面裂隙发育可分为四个阶段:主裂隙的发生阶段;主裂隙宽度扩展,次裂隙的发生、发展阶段;裂隙的消失及主裂隙均匀化阶段,也可称之为裂隙的"自愈"阶段;裂隙稳定阶段。压实度低的土样比压实度高的土样表面细裂隙明显增多,土样表面主裂隙随压实度降低有由开放向连通闭合的趋势。膨胀土样初始含水率由高到低使得裂隙曲线形态由圆弧状向直线转变,主裂隙宽度随初始含水率降低发育得更加均匀,微细裂隙随初始含水率降低而增加。

　　③高精度工业三维CT对小尺寸膨胀土裂隙试样扫描结果表明:南阳膨胀土原状土样中分布着大量的铁锰结核,裂隙发育丰富,样品中存在几条交错的主裂隙,并延伸出细小裂隙,裂隙将整个土样分割得极为破碎;重塑膨胀土样裂隙发育少而简单,内部裂隙比表面裂隙复杂,重塑土样裂隙发育主要集中在样品上部。

④重塑膨胀土样在脱湿过程中 CT 扫描结果表明：

重塑膨胀土样裂隙总是首先出现在土体表层，在土体表面下一定距离产生水平发育的裂隙，使得上部土体和下部土体之间形成一个断面，该断面的形成导致表面裂隙形态与下部裂隙形态关联性降低。

初始含水率越高，试样收缩越明显，脱湿后整体性越强；随含水率的降低土体内裂隙增多，土样被裂隙分割得愈破碎；随压实度降低土体破碎程度加剧。

⑤原状膨胀土样微观结构研究结果表明：

原状膨胀土样抽气饱和后孔隙体积减小，孔隙变化主要集中在大于 $1\mu m$ 和小于 $0.1\mu m$ 的区域，饱和前后孔隙孔径分布曲线形态基本相似。

脱湿后试样微观结构变化剧烈，试样脱湿后总孔隙体积急剧减小，但大孔隙所占相对比例急剧增加。

⑥重塑膨胀土样脱湿前后微观结构研究结果表明：

不同初始含水率重塑膨胀土样脱湿前总累积体积基本相同，随初始含水率降低土样内部孔隙分布由一种孔径孔隙占主导向多种孔径孔隙共同主导的趋势发展，土体内部微观结构更加复杂，这种复杂变化主要发生在大孔径孔隙；脱湿后土样孔隙总累积体积明显减少，土体内部孔隙体积及分布变化明显，土样总累积体积随初始含水率升高而降低，不同孔隙孔径分布曲线中波峰被降低。

不同压实度重塑膨胀土样脱湿前随压实度减小孔径分布曲线呈现由单峰到多峰、峰值由低到高的发展趋势，波峰位置随着压实度减小向大孔径方向偏移，集聚体内部孔隙的大小与分布保持着相对的稳定，即压实度的变化对于土中微结构孔隙几乎没有影响，压实度升高引起的孔隙变形主要发生在黏土颗粒集聚体之间；脱湿后孔隙收缩，土中的大孔隙变为小孔隙，导致小孔隙和超微孔隙增多，土样中的总孔隙体积减小，脱湿后不同孔隙孔径分布曲线多为单峰曲线，峰值随压实度的减小而增加。

重塑膨胀土样在不同脱湿环境下脱湿，总孔隙累积体积随脱湿温度升高而增加，高温脱湿时土体表面和内部出现微裂隙，冻干法基本不改变土样内部结构。

⑦利用分形理论对膨胀土微观结构进行分析。

本书介绍了微观测试技术的发展和常用的孔隙分形模型以及分形维数计算方法，归纳了定性微观测试技术和定量微观测试技术，以及各测试技术和分形几何近年来在岩土领域所获得的成果。利用黄启迪等人最近提出的孔隙分布曲线模型中的三个参数（平移量 κ，压缩量 ξ 和分散程度 η）对压汞试验数据进行了详细分析，得到了脱湿环境、初始含水率和压实度对内部孔隙结构的影响以及演变规律。采用了三种不同的分形维数计算方法来计算压汞试验的分形维数，并对三种计算方法进行了比较，分析了各种方法的优劣，认为三种方法互相补充可以得出更科学和严谨的结论。通过分形维数计算,对南阳膨胀土内部孔径进行了划分,并发现不同的压实度、初始含水率并不会改变膨胀土的孔径分界点。根据计算出分形维数,分析不同脱湿环境对土体内部结构的影响,并从分形的角度分析了冻干法内部结构与原土体内部结构最接近。在分形维数的基础上,分析了压实度和初始含水率与分形维数的关系,并确定了分形维数变化最剧烈的压实度范围和初始含水率范围。利用 MATLAB 数值软件进行编程,计算扫描电镜图片盒维数,根据得到的盒维数值分析膨胀土脱湿后表面微观结构的演变规律。

⑧油渗试验结果表明:

油渗率随脱湿时间增加而增大,随平均含水率减小而增大,随裂隙率增大而增大。油渗率变化分为三个阶段:线性低速增长阶段、加速增长阶段、减速增长阶段。

膨胀土裂隙通过煤油的能力远大于孔隙,可采用油渗结果来衡量膨胀土内部裂隙的扩展与连通情况:油渗率线性低速增长时,膨胀土内部裂隙扩展与连通也呈线性低速增长趋势;油渗率急骤增长时,膨胀土内部裂隙急速扩展与连通;油渗率减速增长时,膨胀土内部裂隙扩展与连通速度放缓。

油渗率的大小取决于土体内部裂隙的连通扩展程度。对于不同压实度裂隙膨胀土,油渗率的大小由其内部大孔隙收缩程度以及土体内部形成的优势渗流裂隙来决定,最终油渗率先随压实度升高而降低,后随压实度降低而升高。

对于不同初始含水率裂隙膨胀土样,随初始含水率降低土样油渗率降低,其机理在于低初始含水率下土样内部由多种大孔径孔隙共同主导,导致在脱湿过程中土样内部被裂隙分割得很破碎,虽然存在很多裂隙但不容易形成优势的渗流通道。

⑨室内模拟降雨试验结果表明:

膨胀土试样在脱湿开裂到不同阶段时入渗率不相同,降雨入渗试验初期入渗率随脱湿时间的增加而增加,入渗率短时间内快速衰减,在较短的时间内就开始趋于稳定;脱湿时间较长的试样经历初期快速衰减后,衰减速度明显放缓,达到稳定的时间较长。

裂隙膨胀土初始入渗率随压实度增大而增大,其后短时间内急骤衰减,压实度大的土样衰减时间较长,降雨入渗后期土样入渗率都处于同一数量级。

不同初始含水率土样入渗率衰减速率与持续时间明显不同,初始含水率高的土样衰减速率较低,持续时间长,稳定后平均入渗率基本处于同一数量级。

⑩考虑膨胀土中裂隙对渗透特性的影响,将双重孔隙介质渗流模型引入裂隙膨胀土渗流中,鉴于膨胀土裂隙发育情况复杂,提出了一种结合现场裂隙图片、土体含水率和室内试验成果建立裂隙模型的方法。

⑪降雨入渗过程中膨胀土边坡渗流分析表明：

降雨入渗对裂隙膨胀土与无裂隙膨胀土的影响有着极大的区别，降雨入渗对裂隙膨胀土的影响深度远大于无裂隙膨胀土，具体影响则与降雨强度、裂隙深度、降雨持续时间等因素有关；裂隙对渗流场的影响主要表现在：增大土体入渗边界，扩大降雨入渗的范围；提高土体地表的入渗率；使雨水进入土体内部。

9.2 应用前景和展望

本书对膨胀土裂隙发育及裂隙对膨胀土渗透特性的影响开展了一系列的研究，在此次研究的基础上还有很多问题需要进一步研究与探讨。

①本书对膨胀土内部裂隙发育采取直接和间接的方法进行研究，但对于内部裂隙发育的定量描述还要做很多工作，以三维重建技术定量描述裂隙演化规律就是很好的一个突破点。

②本书提出一种结合现场裂隙图片、土体含水率和室内试验成果建立裂隙模型的方法。实际裂隙是沿一定角度非线性向土体内部发展，并且有很多横向裂隙发育，因此需要在今后的研究中对裂隙模型进一步改进。

③在裂隙膨胀土降雨入渗过程中，土体除了吸水膨胀变形外，还有崩解及雨水的冲刷，对于两种作用如何权衡与分析是一个值得考虑的问题。

④膨胀土裂隙的开展与土体内部微观结构有明显的关系，如何定量建立两者的联系还有待深入研究。

⑤尽管分形维数作为一种定量描述土体内部微观结构的指标而被广泛应用于膨胀土微观结构研究当中，并得到了很多研究成果，但仍存在很多不完善的地方，比如采用不同的分形维数计算方法可能会得到完全不同的结果和结论，分形维数具体的物理意义仍不明确，以及如何利用分形维数挖掘出更多的土体内部微观结构的信息等。

分形维数作为目前常用的研究自然界不规则物体的数学手段，已经被广泛应用于岩土领域，但目前在微观结构方面仍未取得突破性的成果，分形维数与温度的关系，与含水率的关系目前还没有太多有意义的结论，可以作为以后的研究方向。分形维数在扫描电镜图像上的应用仍不完善，大多数都是在使用简单的盒维数法，其他的计算方法应用太少，而盒维数本身存在许多缺点，如何改进盒维数法以及如何利用其他分形维数计算方法研究扫描电镜图像仍具有很好的研究前景。现在最大的问题还是如何将分形维数与土体的力学性质联系起来，而不是单纯地研究微观结构的复杂程度，如何利用分形维数为微观结构和土体的宏观力学性质搭建桥梁应是以后土体微观结构研究的重点。

分形维数作为一门还在不断发展的数学工具,在岩土领域仍具有很好的应用前景,并且只有在应用中才能得到更深入的发展。它会随着研究对象、研究技术以及研究方法的不同而不断变化,其本身的开放性决定了它是一个可以无限发展的概念,自然界大多数事物都可利用分形维数进行研究,而其本身也需要各研究人员共同努力来将其变得和欧氏几何一样系统和全面,就如同计算机的开放性一般,分形维数具有强大的发展潜力。